37

38

39

40

41

42

43

44

45

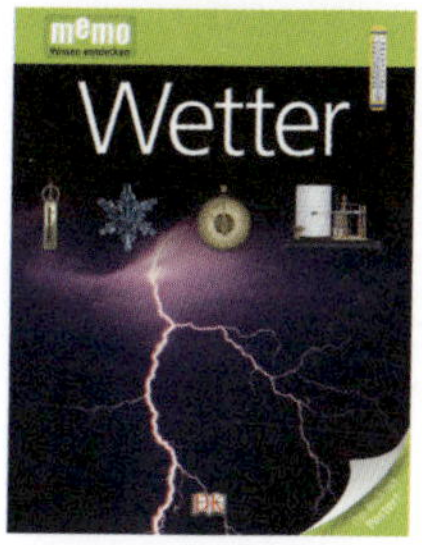


46

47

48

49

50

51

52

53

54

55

56

57

58

59

60

61

62

Alphabetische Reihenfolge der Bände auf der letzten Seite

memo
Wissen entdecken

# Pferde

Ein Kulan

Frau und Mädchen in spanischer Reitkleidung auf einem Andalusier-Apfelschimmel

Bronzestatuette eines Kriegers zu Pferde (um 550 v. Chr.)

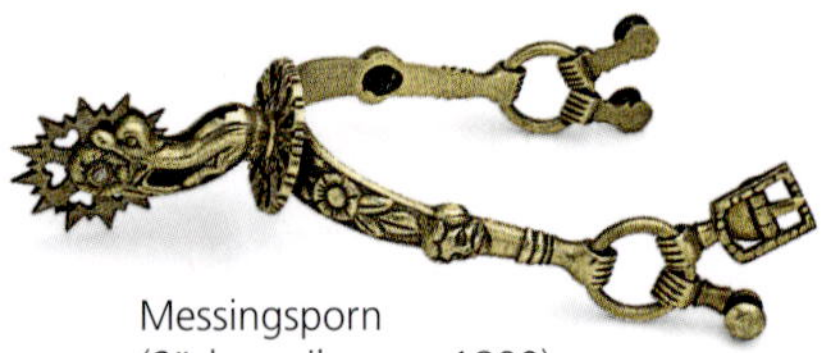

Messingsporn (Südamerika, um 1800)

Rossharnisch Heinrichs VIII. von England

Ein Maultier zieht einen indischen Karren (um 1840).

Berittener Krieger auf einer Bronzetafel aus Benin in Nigeria (spätes 16. Jh.)

memo
Wissen entdecken

Fuß eines fossilen *Anchitherium*

Altes Hufeisen und Hufnägel

# Pferde

Bergzebra

Text von
Juliet Clutton-Brock

Ein Shire Horse wird beschlagen.

Rappschimmel beim Springreiten

DORLING KINDERSLEY

Trommler auf einem Shire Horse

Irischer Esel mit Karren (um 1850)

DORLING KINDERSLEY
London, New York, Melbourne, München und Delhi

**Projektbetreuung** Marion Dent
**Projektleitung** Sunita Gahir
**Cheflektorat** Andrew Macintyre, Camilla Hallinan, Owen Peyton Jones
**Lektorat** Helen Parker
**Herstellung** Louise Barratt, Siu Yin Ho, Andy Hilliard, Jenny Jacoby, Pip Tinsley
**Redaktion** Susan Malyan, Sue Nicholson, Victoria Heywood-Dunne, Marianne Petrou
**Bildredaktion** Jutta Kaiser-Atcherley, Julia Harris, Rebecca Johns, David Ball, Jane Thomas, Martin Wilson
**Bildrecherche** Diana Morris, Bridget Tily
**Fotos** Jerry Young, Karl Shone
**DK Picture Library** Rose Horridge, Myriam Megharbi, Emma Shepherd
**Umschlaggestaltung** Smiljka Surla

**Für die deutsche Ausgabe:**
**Programmleitung** Monika Schlitzer
**Projektbetreuung** Martina Glöde, Janna Heimberg
**Herstellungsleitung** Dorothee Whittaker
**Herstellung** Anna Ponton

Berittener Bogenschütze (etwa 5. Jh. v. Chr.)

Zwei wilde Przewalski-Pferde

Bibliografische Information Der Deutschen Bibliothek
Die Deutsche Bibliothek verzeichnet diese Publikation in der Deutschen Nationalbibliografie; detaillierte bibliografische Daten sind im Internet über http://dnb.ddb.de abrufbar.

Titel der englischen Originalausgabe:
Eyewitness Horse

Viktoria-Phaeton (England, um 1880)

Palomino mit Zaum und Sattel im Westernstil

**Übersetzung** Margot Wilhelmi, Cornelia Panzacchi (S. 64–71, Poster)
**Satz** Roman Bold & Black

ISBN 978-3-8310-1896-3

Colour reproduction by Colourscan, Singapore
Printed and bound in China by Toppan

Besuchen Sie uns im Internet
**www.dorlingkindersley.de**

Zwei Grauschimmel vor englischem Phaeton (um 1840)

# Inhalt

Zwei Gelderländer ziehen einen Planwagen.

# Die Pferdefamilie

Pferde, Esel und Zebras sind Mitglieder der Säugetierfamilie Equidae. Diese wiederum gehört zu den Unpaarhufern, die nur einen Huf an jedem Fuß haben. Paarhufer wie Kühe, Hirsche und Schweine dagegen haben zwei Hufe. Zu den Unpaarhufern gehören außer der Pferdefamilie auch Nashörner und Tapire. Alle Equiden ernähren sich von Gras, Kräutern und Halbsträuchern. Sie leben in offenem Gelände und da sie nicht sehr wehrhaft sind, sind sie auf der Flucht vor Feinden auf ihre Schnelligkeit angewiesen. Alle Mitglieder der Pferdefamilie leben in Familiengruppen, die sich zu Herden zusammenschließen: Sie sind Herdentiere (S. 12–13). Auf der Suche nach Nahrung und Wasser oder auf der Flucht vor Mücken- und Fliegenplagen ziehen die Herden weit umher. Wenngleich zwischen einzelnen Hauspferderassen gewaltige Unterschiede bestehen, gehören sie alle einer einzigen Art – *Equus caballus* – an, auch die Ponys, die als ausgewachsene Tiere eine Schulterhöhe von höchstens 148 cm erreichen.

**SCHAUKELPFERD**
Schaukelpferde aus Holz sind schon seit Jahrhunderten ein beliebtes Kinderspielzeug.

**SCHOTTISCHER ZWERG**
Das Shetland-Pony ist nach dem Falabella das kleinste Pferd. Dieses siebenjährige Tier ist nur 81 cm hoch. Das „Shetty" ist sehr genügsam und kann trotz seiner geringen Größe schwere Lasten tragen und ziehen. Ursprünglich stammt es von den Shetlandinseln. Heute wird das Shetland-Pony in vielen Ländern gezüchtet.

Der Kulan, eine Unterart des Asiatischen Halbesels

Poitou-Esel

Steppenzebra-Stute mit Fohlen

**ESEL, HALBESEL UND ZEBRAS**
Außer dem Pferd gehören der Asiatische Halbesel oder Pferdeesel (S. 16–17), der Afrikanische Wildesel (S. 16–17), der als Vorfahr des Hausesels gilt (S. 24–25), und die Zebras (S. 18–19) zur Familie der Pferde.

# Das Stockmaß

Die Größe eines Pferdes wird mit dem Stockmaß angegeben: Man misst die Höhe des Tiers in Zentimetern von den Füßen bis zur Oberkante der Schultern, dem „Widerrist".

**„DAS GROSSE ENGLISCHE PFERD"**
Das Shire Horse wurde schon zur Zeit des Julius Cäsar in Mittelengland als Ackergaul und Zugpferd gezüchtet. Diese Rasse ist durch ihre gewaltige Größe und durch die lange Behaarung der Fesseln, den „Behang", gekennzeichnet. Das hier abgebildete Pferd mit Namen „King" (König) hielt mit einem Stockmaß von 198 cm lange den Rekord als größtes Pferd der Welt.

as Einhorn ist eine Sagengestalt, ein ferd mit einem Horn auf der Stirn. Als appentier wird es mit einem Löwenschwanz, paarigen ufen und einem spiralförmig gedrehten Horn dargestellt.

**REISENDE AUS EUROPA**
Aus Afrika stammen viele Mitglieder der Pferdefamilie, vom Esel bis zu den Zebras. Als die ersten Europäer diesen riesigen Erdteil erforschten, kamen sie mit Hauspferden als Reit- und Lasttieren. Diese Holzschnitzarbeit der Ibo aus Nigeria zeigt Weiße mit ihren Pferden und verschiedenen afrikanischen Tieren.

# Paradepferd der Evolution

Die heutigen Vertreter der Pferdefamilie blicken auf eine fast 55 Millionen Jahre lange Entwicklungsgeschichte zurück. Das erste bekannte pferdeartige Tier, das Urpferdchen *Hyracotherium* (auch *Eohippus*, „Pferd der Morgenröte", genannt), lebte im Eozän (vor 54 Millionen Jahren) vor allem in Nordamerika, aber auch in Europa. Das etwa hasengroße Tier war ein „Laubäser", ein Waldtier, das sich von Blättern ernährte. An den Vorderfüßen hatte *Hyracotherium* vier, an den Hinterfüßen drei Zehen mit kleinen Hornschalen. Im Lauf der Jahrmillionen entwickelten sich diese kleinen Laubäser zu „Grasfressern" mit drei und schließlich mit nur einer Zehe. Die frühen Laub äsenden Pferdeahnen wie *Mesohippus* und später *Parahippus* hatten flachkronige Zähne (S. 10–11). Doch im Miozän (vor 20 Millionen Jahren) verdrängten in Nordamerika zunehmend Steppen die Wälder. In Anpassung an diese neuen Umweltbedingungen setzten sich Pferde mit längeren Beinen durch, mit denen sie auf der Suche nach saftigen Weiden und auf der Flucht vor Raubtieren weite Strecken schnell zurücklegen konnten. Außerdem setzten sich die hochkronigen Zähne durch, mit denen die Tiere die harten Gräser abweiden konnten. Das erste Gras fressende Pferd war *Merychippus*. Es wurde schließlich vom einhufigen *Pliohippus* verdrängt. Die heutige Gattung *Equus* entstand im Pleistozän (vor etwa 2 Millionen Jahren).

Seitenansicht des linken Hinterfußes von *Hipparion*

Vorderansicht des Hinterfußes von *Hipparion*

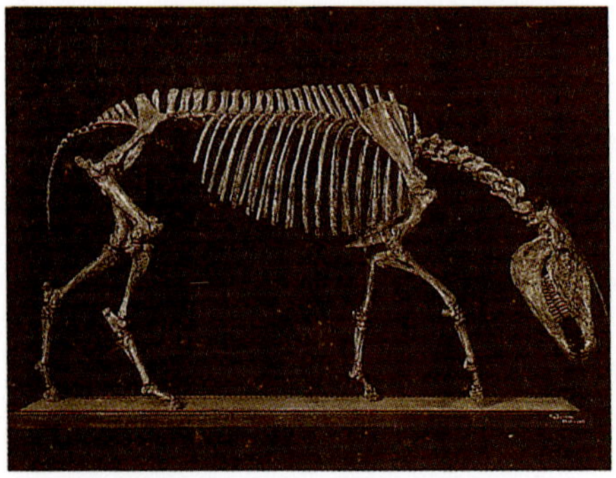

**SÜDAMERIKANER**
Hier sieht man das Skelett eines *Hippidion*, eines Einhuf-Pferds, das sich von Mittelamerika nach Südamerika ausbreitete. Sein südamerikanischer Nachfahr *Onohippidium* starb vor etwa 12 000 Jahren aus. Möglicherweise wurde sein Aussterben durch das Vordringen menschlicher Jäger nach Südamerika beschleunigt.

**DER LETZTE DREIHUFER**
*Hipparion* (oben: Seitenansicht eines Schädels) war das letzte dreizehige Pferd, ein weitverbreiteter Grasfresser mit hochkronigen Zähnen. Fossilien fand man vielerorts in Europa, Asien und Afrika, wo es erst vor etwa 125 000 Jahren ausstarb.

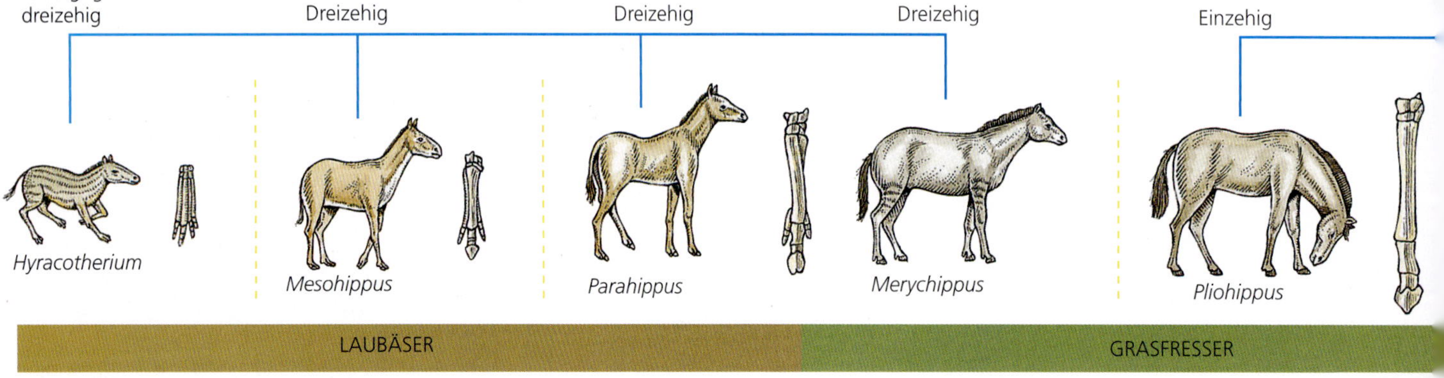

**AUSGESTORBEN**
Das dreizehige Pferd *Anchitherium* lebte im Miozän (vor etwa 24 Mio. Jahren) in Amerika, Asien und Europa. Obwohl dieser Zweig der Pferde zu seiner Zeit sehr erfolgreich war, ist er längst ausgestorben. Nur ein einziger Zweig des Pferdestammbaums – die einhufigen Pferde – erreichte die heutige Zeit.

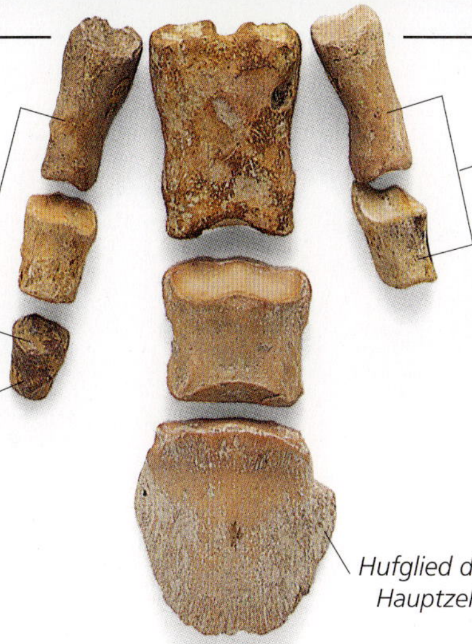

Fuß- und Zehenknochen eines *Anchitherium*

Oberkiefer eines *Anchitherium*

Unterkiefer eines *Anchitherium*

**URPFERDCHEN**
Die Aufsicht auf das Gaumendach eines *Hyracotherium* aus dem Eozän (vor 54 Mio. Jahren) lässt die fast quadratischen, sechshöckrigen Backenzähne erkennen, die – obwohl nicht hochkronig – schon Grundzüge des modernen Pferdegebisses aufweisen (z. B. Verbindung der Höcker zu Kämmen).

Blick auf das Gaumendach eines *Hyracotherium*-Schädels

Seitenansicht der rechten Hälfte eines *Hyracotherium*-Schädels

Gaumenansicht eines *Hipparion*-Schädels

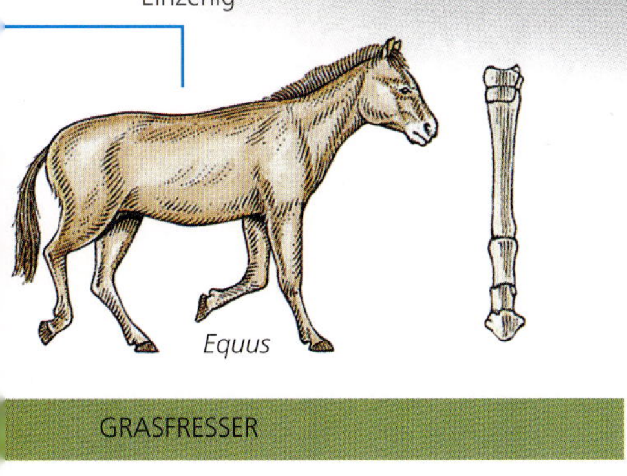


**DER ERSTE DREIZEHER**
Das etwa schafgroße *Mesohippus* aus dem Oligozän (vor etwa 37 Mio. Jahren) war das erste Pferd mit drei Zehen an Vorder- und Hinterfuß. Die Mittelzehe war länger als die beiden Seitenstrahlen.

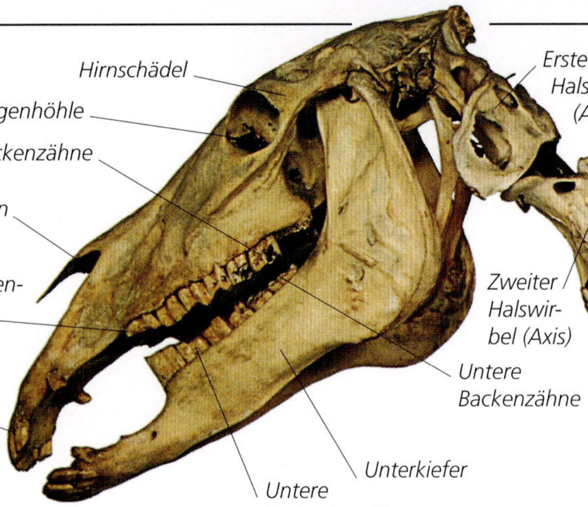
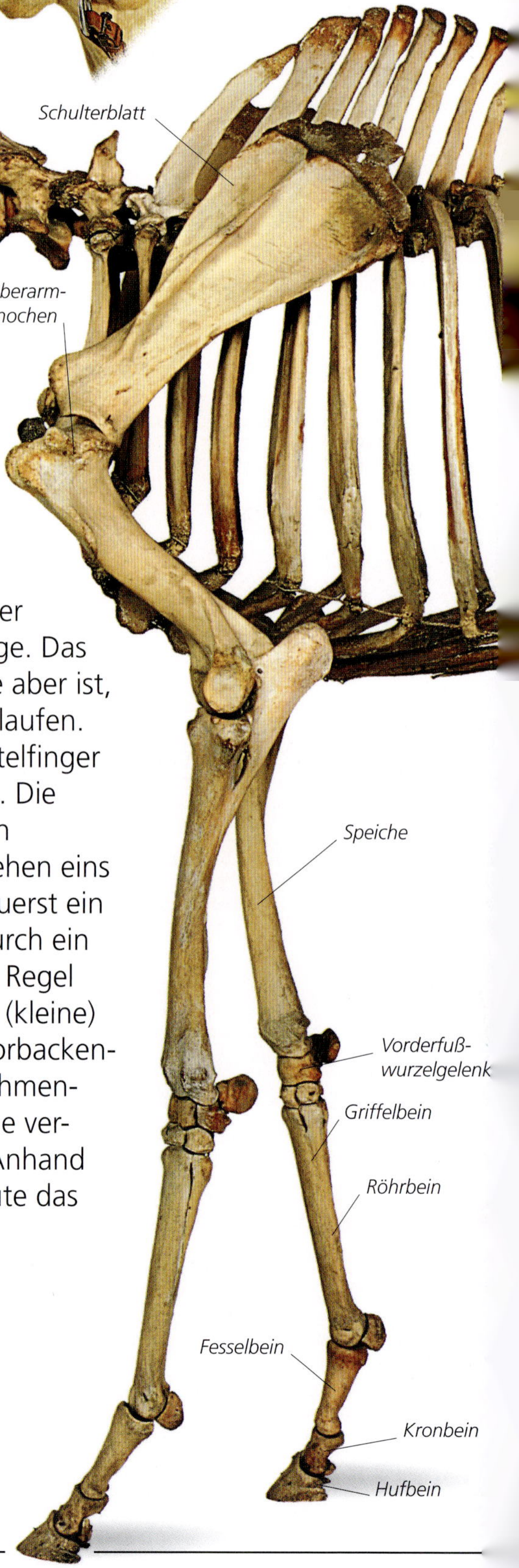


Skelett eines Rennpferds

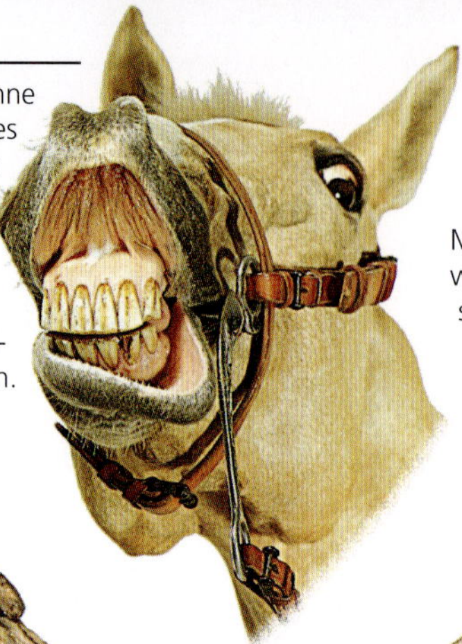

Die Zähne dieses 15-jährigen Pferds zeigen Abnutzungserscheinungen.

**„EINEM GESCHENKTEN GAUL ...**

... schaut man nicht ins Maul", sagt ein altes Sprichwort. Beim Pferdekauf aber sollte man es tun, denn an den Zähnen, besonders am Zustand der Schneidezähne, erkennen Fachleute das Alter eines Pferds.

# Knochen und Zähne

Das Skelett der Pferde ist auf Schnelligkeit und Ausdauer angelegt. Alle Mitglieder der Pferdefamilie haben gute Augen, sodass sie Feinde früh erkennen, und lange Beine, sodass sie schnell fliehen können. Im langgestreckten Kiefer sitzen die vielen Mahlzähne, die Steppenbewohner zum Kauen des harten Grases benötigen. Die Wirbelsäule formt einen leicht durchgebogenen Rücken, der mächtige Brustkorb schützt Herz und Lunge. Das auffälligste Merkmal der Pferdefamilie aber ist, dass ihre Vertreter nur auf einer Zehe laufen. Diese entspricht dem dritten oder Mittelfinger (bzw. der Mittelzehe) eines Menschen. Die zweite und vierte Zehe sind zu dünnen „Griffelbeinen" zurückgebildet, die Zehen eins und fünf fehlen ganz. Fohlen bilden zuerst ein Milchgebiss aus. Später wird dieses durch ein Erwachsenengebiss ersetzt, das in der Regel 40 Zähne hat: 12 Schneidezähne, vier (kleine) Eckzähne, die bei Stuten fehlen, 12 Vorbackenzähne und 12 Backenzähne. Mit zunehmendem Alter nutzen sich die Zähne ab, sie verändern die Form und verfärben sich. Anhand dieser Veränderungen können Fachleute das Alter eines Pferds bestimmen.

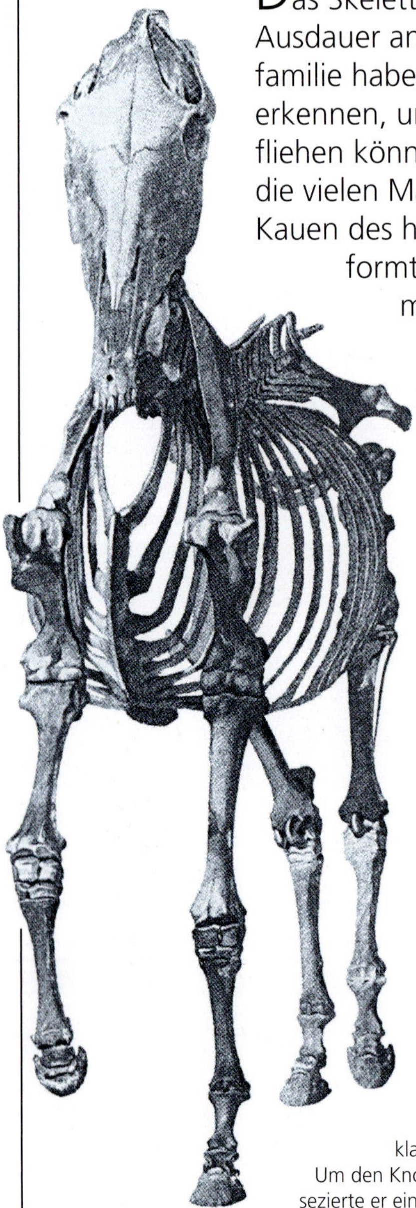

**KLASSISCHES SKELETT**

1766 veröffentlichte der englische Künstler George Stubbs (1724–1806) sein Buch *Anatomie des Pferds*, das noch heute als klassisches Nachschlagewerk Verwendung findet. Um den Knochenbau so genau zeichnen zu können, sezierte er eine große Zahl von Pferden.

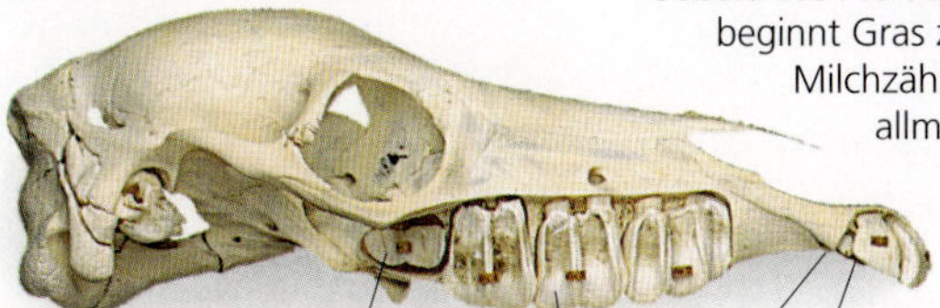


Oberkiefer eines Fohlens

### AUF DEN ZAHN GEFÜHLT

Sobald das Pferdejunge (Füllen oder Fohlen) beginnt Gras zu fressen, nutzen sich die Milchzähne schnell ab. Sie werden dann allmählich durch die zweiten Zähne ersetzt. Diese haben anfangs kurze Wurzeln und hohe Kronen, die mit zunehmendem Alter abflachen.

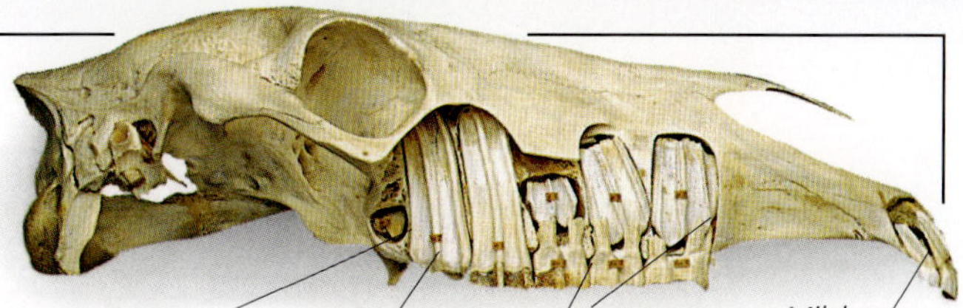


Oberkiefer eines zweijährigen Ponys

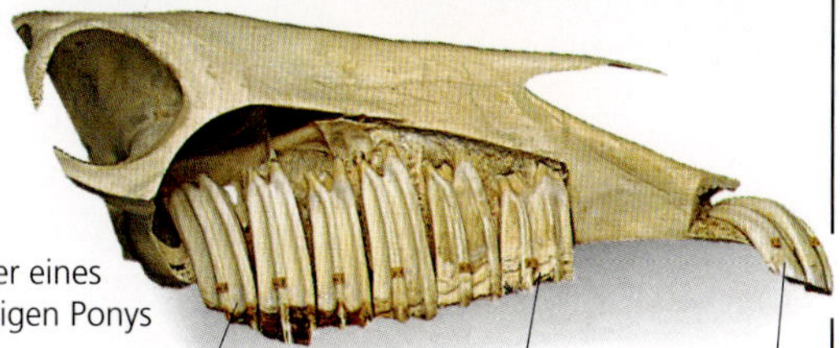


Oberkiefer eines sechsjährigen Ponys

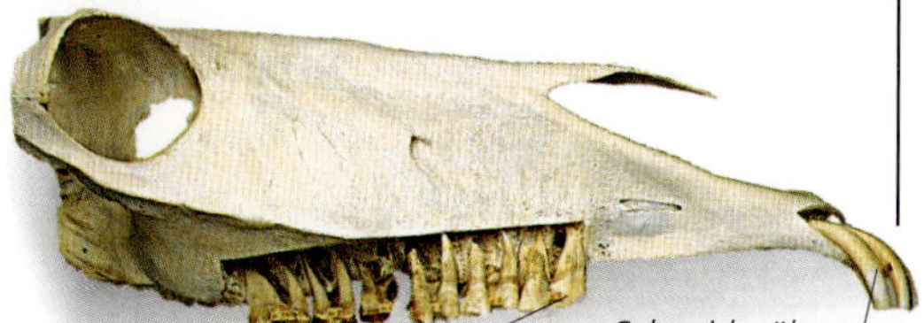


Oberkiefer eines sehr alten Pferds

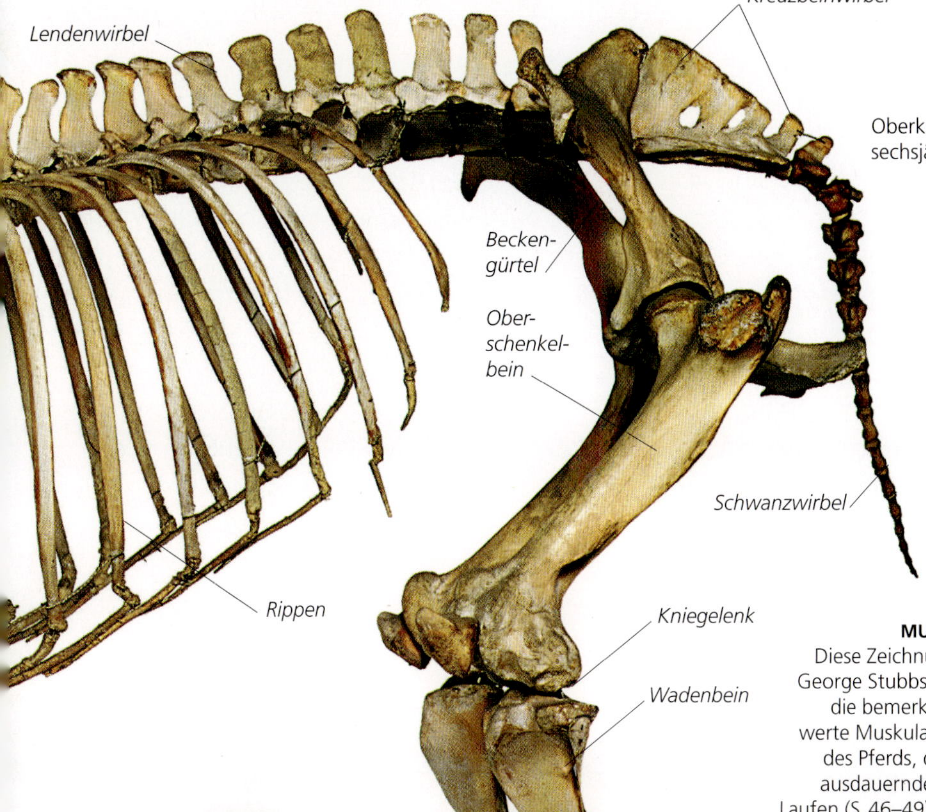
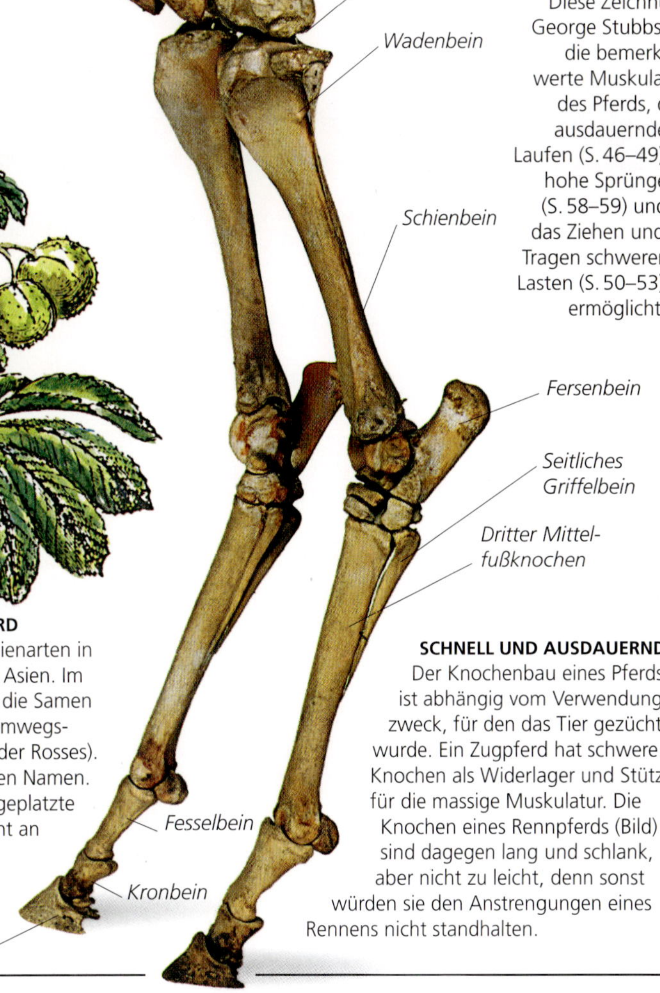


### MUSKELPAKETE

Diese Zeichnung von George Stubbs zeigt die bemerkenswerte Muskulatur des Pferds, die ausdauerndes Laufen (S. 46–49), hohe Sprünge (S. 58–59) und das Ziehen und Tragen schwerer Lasten (S. 50–53) ermöglicht.

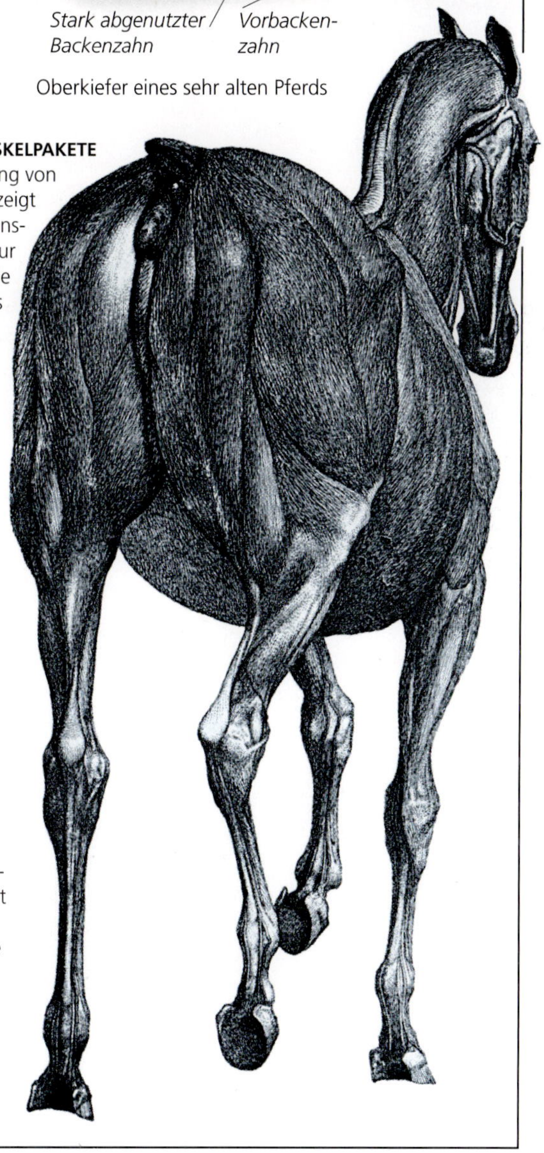

### MEDIZIN FÜRS PFERD

Es gibt etwa 25 Rosskastanienarten in Nordamerika, Europa und Asien. Im Mittelalter verwandte man die Samen zur Behandlung von Atemwegserkrankungen des Pferds (oder Rosses). Daher erhielt die Pflanze den Namen. Außerdem erinnert die aufgeplatzte Naht der stachligen Frucht an einen Pferdehuf.

### SCHNELL UND AUSDAUERND

Der Knochenbau eines Pferds ist abhängig vom Verwendungszweck, für den das Tier gezüchtet wurde. Ein Zugpferd hat schwere Knochen als Widerlager und Stütze für die massige Muskulatur. Die Knochen eines Rennpferds (Bild) sind dagegen lang und schlank, aber nicht zu leicht, denn sonst würden sie den Anstrengungen eines Rennens nicht standhalten.

# Sinne und Verhalten

Pferde, Esel und Zebras können besser sehen, hören und riechen als wir Menschen. Das typische lange Pferdegesicht bietet nicht nur den vielen Zähnen in den Kiefern Raum, sondern auch dem hoch empfindlichen Riechorgan. Die Augen sitzen weit oben und seitlich am Kopf. So können die Tiere im hohen Gras ihrer ursprünglichen Steppenheimat den Überblick behalten. Die Ohren sind lang, bei Eseln sogar sehr lang, sie können in Richtung des leisesten Geräusches gestellt werden. Pferde sind von Natur aus Herdentiere. Die Anhänglichkeit gegenüber Herdenmitgliedern überträgt das Haustier auf die Menschen, die nun seine „Familie" bilden. Sobald Pferde ihren Besitzer akzeptiert haben, sind sie bemüht, den Befehlen ihres menschlichen „Leittiers" zu folgen, werden sie auch noch so barsch geäußert. Das hat dazu geführt, dass Pferde brutal ausgenutzt, aber auch besonders geliebt wurden. Auch in der Obhut des Menschen haben Pferde und Esel Verhaltensweisen ihrer wilden Ahnen beibehalten: Sie verteidigen ihr Revier, säugen ihre Fohlen genau wie jene und brauchen ständig Gesellschaft.

Wut oder Furcht

Aufmerksames Interesse

Unsicherheit

**OHRENSPRACHE**
Die Ohren dienen als „Stimmungsbarometer". Wenn ein Maultier (oben) seine Ohren nach hinten legt, ist es wütend oder ängstlich. Nach vorn gerichtete Ohren bekunden Interesse an einem bestimmten Geschehen, z. B. am Geklapper des Futtereimers. Ein Ohr nach vorn und eines nach hinten gelegt signalisiert Unsicherheit: Was passiert nun?

**JUCKT DAS FELL?**
Dieses Pony wälzt sich auf dem Boden. Dadurch werden die Muskeln entspannt und Schmutz, abgestorbene Haare und Parasiten (z. B. Flöhe) abgewetzt.

**DIFFERENZEN?**
Angelegte Ohren und Tritte: Zeichen für „Meinungsverschiedenheiten" zwischen diesen beiden Kulans (S. 16–17)

Durch lautes Geschrei warnt das Zebra die anderen Herdenmitglieder vor Gefahr.

**VERTEIDIGUNG VON HEIMAT UND HERDE**
Hengste (männliche Pferde) verteidigen ihre Herden und Reviere bisweilen aufgebäumt mit den Vorderhufen gegen Eindringlinge, wie es diese Island-Ponys tun. Doch meistens werden Konflikte durch Gesten mit Ohren, Schweif und Füßen beigelegt. So wird auch die Rangfolge innerhalb der Herde festgelegt.

Ein Pferd ignoriert die Kommandos des Kutschers und stillt erst einmal seinen Durst.

**FLEHMEN**
Dieser Hengst zieht die Lippen zurück und saugt Luft ein – er flehmt. Das Jacobsonsche Organ im Gaumendach, ein zusätzliches, beim Menschen nicht vorhandenes Geruchsorgan, prüft den Urinduft einer Stute. So stellt der Hengst fest, ob die Stute paarungsbereit ist.

**GUTE FREUNDE**
Häufig kann man zwei Pferde dicht nebeneinander stehen sehen. Sie pflegen sich gegenseitig das Fell durch „Beknabbern". Eine solche „soziale Körperpflege" begründet und festigt die Freundschaft zwischen den Tieren.

**DROHENDER BISS**
Diese Islandpferde aus zwei verschiedenen Herden wollen einander durch einen Biss zeigen, wer der Stärkere ist. Ein Pferd wirft den Hals nach vorn und versucht den Gegner in den Nacken zu beißen.

*Das rechte Pferd beißt das ihm fremde Tier.*

*Ohren nach hinten: wütend-ängstliche Reaktion auf den Bissangriff*

# Mutter und Kind

Eine Esel-, Zebra- oder Pferdestute bringt nach einer Tragzeit von etwa 11 Monaten ein einziges, sehr weit entwickeltes Fohlen zur Welt (selten Zwillinge). Die Paarung erfolgt im Frühjahr, sodass fast ein Jahr später alle Fohlen einer Herde etwa gleichzeitig geboren werden. Aufgrund der langen Tragzeit (Wachstum des Tiers im Mutterleib) kann das Fohlen gleich nach der Geburt mit der Herde ziehen. Das ist lebenswichtig, weil Jungtiere ohne den Schutz der Herde eine leichte Beute für Raubtiere wären. Schon eine Stunde nach der Geburt steht das Fohlen auf seinen eigenen vier Beinen und folgt der Mutter. Nach wenigen Wochen beginnt es Gras zu fressen, wenngleich die Mutter es bis zu einem Jahr lang säugt. Bis zu zwei Jahren nennt man die Jungtiere Fohlen, danach, bis zur Geschlechtsreife mit etwa vier Jahren, spricht man von Jungstuten bzw. Junghengsten. In freier Natur verlassen die jungen Hengste die elterliche Herde spätestens mit Eintritt der Geschlechtsreife.

**TRÄCHTIGE PALOMINO-STUTE**
Der dicke Bauch dieser Palomino-Stute zeigt, dass sie bald fohlen wird. Bei Ponys und Wildpferden verläuft die Geburt schnell und problemlos. Hochgezüchtete Rassestuten aber benötigen tierärztliche Überwachung und Hilfe.

**KURZE RUHEPAUSE**
Dieses neugeborene Fohlen ist noch teilweise von der Schafshaut (Fruchtblase) umhüllt. Bald strampelt es sich von der Stute frei und durchtrennt damit die Nabelschnur, über die es im Mutterleib mit Nahrung und Sauerstoff versorgt wurde.

**BABYWÄSCHE**
Die Stute leckt das Fohlen am ganzen Körper ab. So entfernt sie die Schafshaut und regt Kreislauf und Atemtätigkeit des Neugeborenen an.

**MUTTER MIT KIND**
Es dauert etwa drei Jahre, bis dieses Zebrafohlen so groß ist wie seine Mutter. Die Familienbande bei Zebras sind sehr stark. Die ganze Herde schließt sich zum Schutz der Jungen zusammen.

Sechsjährige Steppenzebrastute mit drei Monate altem Fohlen

**DER ERSTE SCHLUCK**
Sobald es stehen kann, sucht das Fohlen die Zitzen der Mutter zwischen den Hinterbeinen. Die erste Muttermilch (*Colostrum*) versorgt das Fohlen mit wichtigen Abwehrstoffen gegen Krankheiten.

**DIE ERSTEN SCHRITTE**
des Fohlens sind noch staksig. Die Mutter beobachtet wachsam die Umgebung.

**VORSICHT!**
Wenngleich diese Shire-Stute (S. 50–53) eine jahrtausendelange Reihe von Haustierahnen hat, ist sie wie ihre wilden Urahnen ständig auf der Hut, um Gefahren rechtzeitig zu erkennen und von ihrem Fohlen abzuwenden.

Zehnjährige Shire-Stute mit fünf Wochen altem Fohlen

**MITHALTEN**
Etwa eine Stunde nach der Geburt läuft das Fohlen bereits. Es muss – v. a. als Wildtier – mit der Mutter mithalten können.

**GUTE NACHT**
Wie alle Kinder brauchen Fohlen viel Schlaf. Doch bei Gefahr kommt das Kleine schnell wieder auf die Beine.

# Wildesel

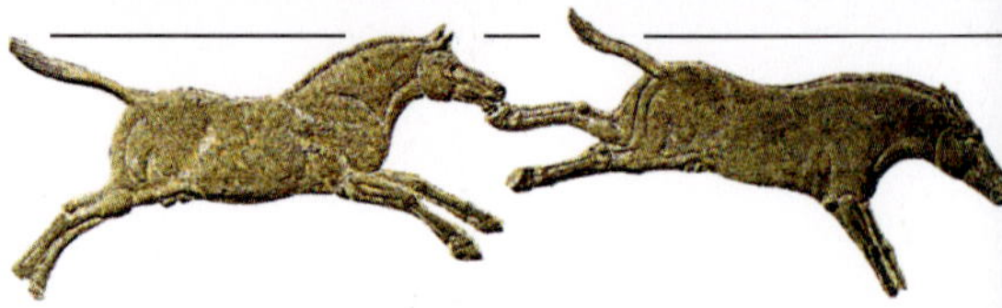

**HALBESELFANG**
Die abgebildeten Steinreliefs schmückten einst den Palast von Ninive in Assyrien. Sie zeigen den Lebendfang von Syrischen Halbeseln um 645 v. Chr. Heute ist diese Unterart des Asiatischen Wildesels vermutlich ausgestorben.

Die beiden Wildeselarten sind nicht näher miteinander verwandt als Pferd und Zebra. Kreuzungen zwischen den einzelnen Arten sind ebenso möglich wie zwischen Pferd und Esel, der Nachwuchs ist in beiden Fällen unfruchtbar (S. 18–19). Der Afrikanische Wildesel (*Equus africanus*), von dem der Hausesel abstammt, war früher mit drei Unterarten in ganz Nord- und Ostafrika verbreitet. Doch heute gibt es nur noch wenige Tiere in abgelegenen Rückzugsgebieten. Die Asiatischen Wildesel (*Equus hemionus*) stehen zwischen Pferd und Esel und werden auch als Pferdeesel oder Halbesel bezeichnet. Man unterscheidet fünf noch lebende Unterarten: den persischen Onager, den turkmenischen Kulan, den mongolischen Dschiggetai, den indischen Khur und den tibetischen Kiang. Die Gemeinsamkeiten aller Esel sind: massiger Kopf, lange Ohren, kurze Mähne ohne Stirnschopf, schlanke Beine und ein quastartiger Schwanz. Der Afrikanische Wildesel ist grau mit weißem Bauch und einem dunklen „Aalstrich" auf dem Rücken, oft mit schwarzem Schulter-Querstrich und Beinringeln. Das Fell der Asiatischen Wildesel ist rötlich ohne Schulter- oder Beinstreifen, aber mit Aalstrich. Esel sind an ein Leben in kargen Berg- und Wüstenregionen mit Dorngestrüpp und trockenen Gräsern als Nahrung angepasst. Durch Zerstörung ihres Lebensraums und starke Bejagung sind heute alle Wildesel vom Aussterben bedroht.

**ESELASYL**
Der Somali-Wildesel, einzige überlebende Unterart des Afrikanischen Wildesels, stammt aus Äthiopien und Somalia. Da er vom Aussterben bedroht und in seiner von Kriegen heimgesuchten Heimat kaum zu schützen ist, hat man die abgebildeten Tiere in einem Wildreservat in Israel angesiedelt.

**AUSGEROTTET**
Der Nubische Wildesel (*Equus africanus africanus*) mit Schulterkreuz (Aalstrich und Querstreifen), aber ohne Beinringelung ist heute in freier Wildbahn ausgerottet. Nur in einigen Zoos gibt es noch wenige, nicht mehr ganz reinrassige Tiere.

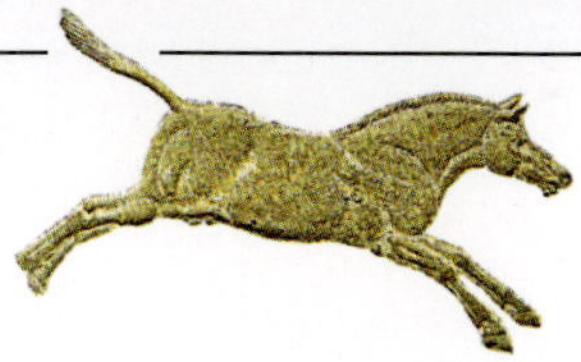

**INDISCHE LANGOHREN**
Der Indische Halbesel oder Khur (*Equus hemionus khur*) lebt heute nur noch in Restherden in der Kutch-Wüste. Wie bei allen Asiatischen Wildeseln werden die Herden von einer alten Stute geführt. Die Hengste leben außerhalb der Paarungszeit im Frühjahr in getrennten Herden.

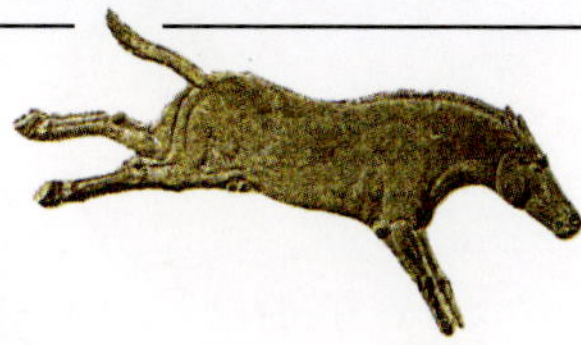

**PERSERESEL**
Der Persische Halbesel oder Onager (*Equus hemionus onager*) zog einst in riesigen Herden durch die Wüsten des Iran, doch heute leben nur noch wenige Tiere in abgelegenen Bergregionen. Onager können über weite Strecken mit bis zu 48 km/h galoppieren und fast 2 m hohe Felsen überspringen.

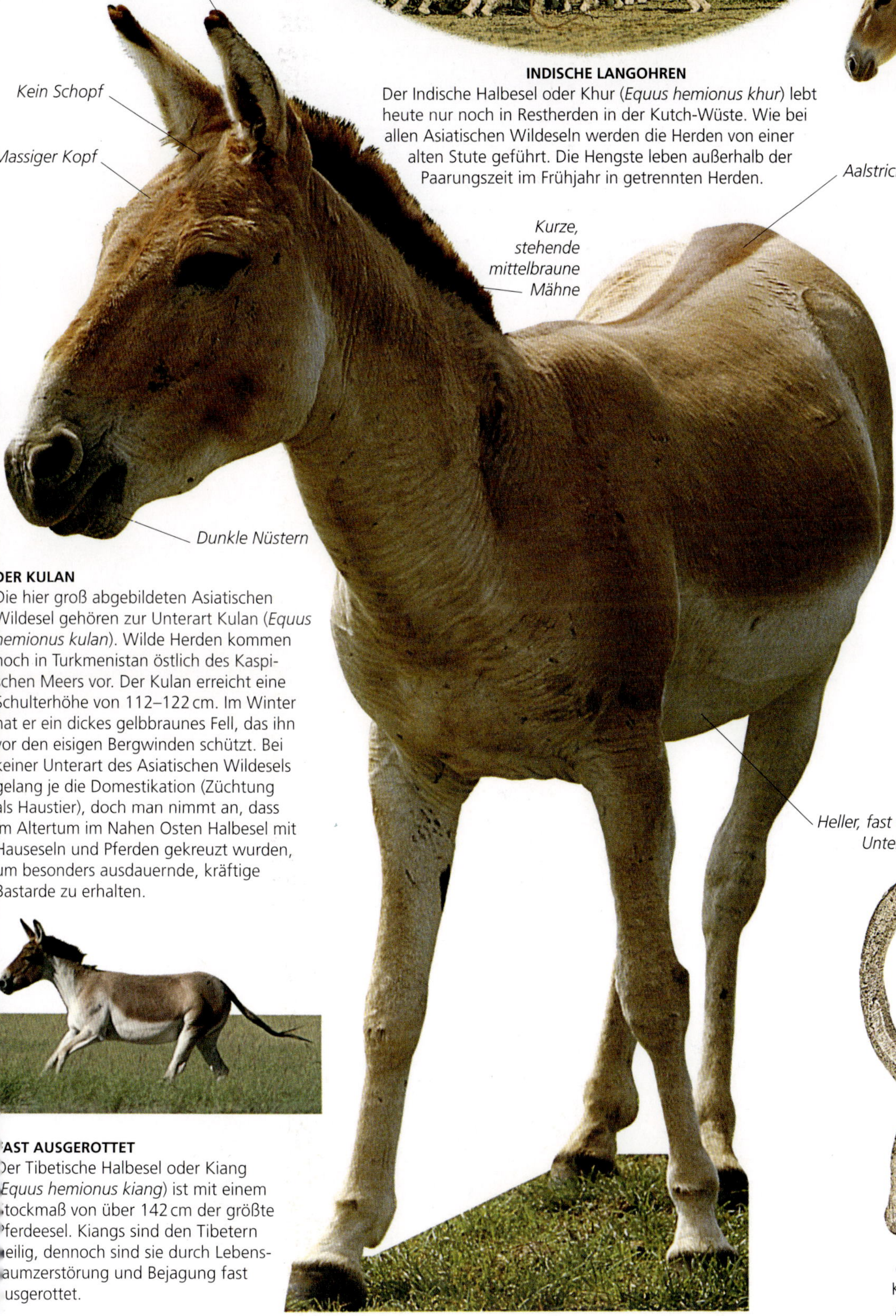


**DER KULAN**
Die hier groß abgebildeten Asiatischen Wildesel gehören zur Unterart Kulan (*Equus hemionus kulan*). Wilde Herden kommen noch in Turkmenistan östlich des Kaspischen Meers vor. Der Kulan erreicht eine Schulterhöhe von 112–122 cm. Im Winter hat er ein dickes gelbbraunes Fell, das ihn vor den eisigen Bergwinden schützt. Bei keiner Unterart des Asiatischen Wildesels gelang je die Domestikation (Züchtung als Haustier), doch man nimmt an, dass im Altertum im Nahen Osten Halbesel mit Hauseseln und Pferden gekreuzt wurden, um besonders ausdauernde, kräftige Bastarde zu erhalten.

**AST AUSGEROTTET**
)er Tibetische Halbesel oder Kiang *Equus hemionus kiang*) ist mit einem tockmaß von über 142 cm der größte 'ferdeesel. Kiangs sind den Tibetern eilig, dennoch sind sie durch Lebensaumzerstörung und Bejagung fast usgerottet.

Zügelring (Silber mit goldenem Halbesel) vom Streitwagengeschirr der mesopotamischen Königin Puabi (um 2500 v. Chr.) aus den Königsgräbern von Ur

# Zebrastreifen

Heute gibt es Zebras nur noch in Afrika, doch ihre Vorfahren lebten – wie alle Pferde – in Nordamerika. Die drei noch vorkommenden Zebraarten – Bergzebra, Steppenzebra und Grévyzebra – haben ganz unterschiedliche Lebensräume und verschiedene Streifenmuster. Deutliche Streifen am ganzen Körper besitzen nur die kurzhaarigen Tropenbewohner. Das Quagga, eine Unterart des Steppenzebras, das in kälteren Regionen Afrikas lebte und um 1860 von Großwildjägern ausgerottet wurde, hatte ein dickeres Fell mit weniger Streifen. Zebras fressen harte Gräser und durchstreifen beim Weiden riesige Gebiete. Sie lieben Gesellschaft und verbringen viel Zeit mit sozialer Körperpflege. Zebraherden bestehen oft aus über 100 Tieren. Wie es kommt, dass Zebras Streifen haben, ist bis heute nicht zufriedenstellend geklärt. Möglicherweise bewirken die Streifen, dass die Gestalt des Einzeltiers in der Menge vor den Augen eines Feindes verschwimmt. Eine Tarnung im Gras sind die Streifen nicht, denn Zebras verstecken sich nicht vor Feinden, sondern wehren sich gemeinsam mit Hufen und Zähnen.

**ICH HÖRE!**
Mit den großen runden Ohren kann das Grévyzebra ausgezeichnet hören und anderen Zebras Signale geben.

Siebenjährige Bergzebra-Stute

Sechsjährige Steppenzebra-Stute mit drei Monate altem Fohlen

**BERGZEBRA**
Das Bergzebra (*Equus zebra*) gehört heute zu den vom Aussterben bedrohten Arten. Kleine Restbestände leben in den Gebirgen der westlichen Kap-Provinz Südafrikas bis zur Westküste Angolas. Wie das Steppenzebra erreicht es eine durchschnittliche Schulterhöhe von etwa 132 cm.

**PFERDEZEBROID**
Zebras kann man mit allen anderen Pferdearten kreuzen, doch die Nachkommen (Zebroide) sind unfruchtbar (wie Maultiere). Dieses Tier ist eine Kreuzung zwischen Zebra und Pferd.

**STEPPENZEBRA**
Das Steppenzebra (*Equus quagga*) war einst mit fünf Rassen vom Sudan bis Südafrika verbreitet. Auch heute noch kann man große Herden in fast jedem Nationalpark beobachten, allerdings sind schon zwei Unterarten ausgestorben. Junghengste leben in Junggesellengruppen, bis sie selbst eine Herde führen können.

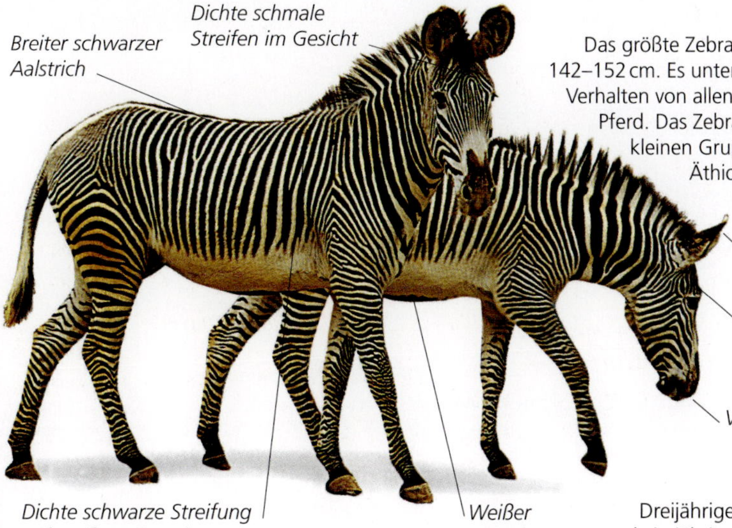


Dreijährige und vierjährige Grévyzebra-Stute

**GRÉVYZEBRA**

Das größte Zebra ist das Grévyzebra (*Equus grevyi*) mit 142–152 cm. Es unterscheidet sich in seinem Äußeren und im Verhalten von allen anderen Zebras und gilt als urtümliches Pferd. Das Zebra mit der eselähnlichen Stimme lebt in kleinen Gruppen in Busch- und Steppengebieten Äthiopiens, Somalias und Nordkenias.

**HALBGESTREIFTES QUAGGA**

Das Quagga (*Equus quagga quagga*) war nur an Hals und Vorderrücken gestreift, sonst gelblich-braun. Die ersten Afrikaforscher konnten noch riesige Herden bestaunen. Durch rücksichtslose Bejagung aber waren die Tiere 1861 in freier Wildbahn ausgerottet. Das letzte Zoo-Quagga starb 1883 in Amsterdam.

**ESELZEBROID**

Kreuzt man ein Zebra mit einem Esel, können hellbraune Tiere mit zarten Streifen wie diese Zebroide aus Simbabwe entstehen. In Zoos findet man häufig solche Mischlinge.

# Pferdeahnen

Fossilfunde belegen, dass gegen Ende der letzten Eiszeit, vor 10 000 Jahren, in Europa, Nord- und Zentralasien Millionen wilder Pferde gelebt haben. Diese Tiere gehörten alle der Art *Equus ferus* an, deren Herden jedes Jahr in den Steppen Hunderte von Kilometern zurücklegten. Als das Klima sich änderte, gingen die Steppengebiete zurück, Wald setzte sich zunehmend durch. Der Verlust ihres Lebensraums und starke Bejagung durch den Menschen ließen die Wildpferdzahlen schrumpfen. Vor etwa 4000 Jahren gab es dann nur noch wenige Wildpferde in Europa, doch zwei Unterarten, der russische Tarpan (*Equus ferus ferus*) und das mongolische Przewalski-Pferd (*Eguus ferus przewalskii*), überlebten bis ins 19. und 20. Jahrhundert. Vor etwa 6000 Jahren wurden in Osteuropa die ersten Wildpferde gezähmt und zu Haustieren weitergezüchtet. Von dort kamen die Hauspferde nach Westen und schließlich in alle Welt. Sie alle stammen von diesen östlichen Vorfahren ab und gehören einer Art an, *Equus caballus*.

**AUSGESTORBENER TARPAN**
Viele Reiseberichte von Russlandbesuchern des 18. Jh. erwähnen Herden kleiner Wildpferde. Die letzten Tarpane starben zu Beginn des 19. Jh. aus. Heute züchtet man in Polen tarpanähnliche Ponys durch Rückkreuzungen urtümlicher Hauspferde. Ein Vertreter solch einer Rasse ist der Konik.

**ALTES ENGLISCHES PONY**
Das Exmoor-Pony ist eine alte Rasse, die dem ausgestorbenen Tarpan sehr ähnlich sieht. Exmoor-Ponys leben in verwilderten Herden in der Heide- und Moorlandschaft von Exmoor im Südwesten Englands.

**HEILIGES PFERD**
Weiße Pferde waren den Kelten heilig. Um 550 v. Chr. wurde diese Pferdedarstellung von Kelten aus den weißen Kreidefelsen von Uffington in Südengland gehauen.

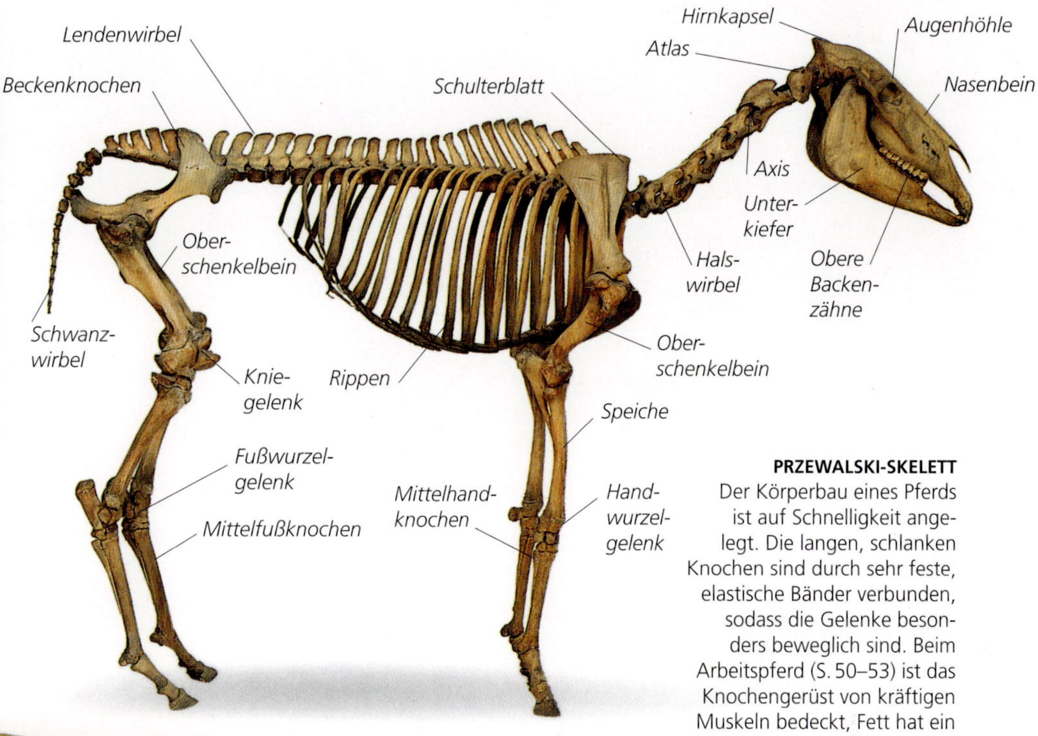


**PRZEWALSKI-SKELETT**
Der Körperbau eines Pferds ist auf Schnelligkeit angelegt. Die langen, schlanken Knochen sind durch sehr feste, elastische Bänder verbunden, sodass die Gelenke besonders beweglich sind. Beim Arbeitspferd (S. 50–53) ist das Knochengerüst von kräftigen Muskeln bedeckt, Fett hat ein solches Tier kaum.

**PRZEWALSKI-PFERDE**
In den Steppen der Mongolei entdeckten russische Reisende Ende des 19. Jh. Wildpferde. Einige davon wurden in europäische Zoos geschafft, wo sie sich gut fortpflanzten. Später brachte man einige Przewalskis sogar nach Amerika. Die wilden Przewalski-Pferde sind seit den 1960er-Jahren ausgestorben. Heute versucht man im Zoo gezüchtete Tiere wieder in der Wildnis anzusiedeln.

Przewalski-Pferde

**HÖHLENMALEREI**
Dieses Wildpferd (*Equus ferus*) wurde gegen Ende der letzten Eiszeit, vor etwa 14 000 Jahren, auf eine Höhlenwand in den berühmten Höhlen von Lascaux (Frankreich) gemalt.

**WILDER ESEL**
In der Sahara werden immer wieder wilde Esel gesichtet. Vielleicht sind es die letzten Überlebenden des Nordamerikanischen Wildesels *(Equus africanus atlanticus)*, vielleicht nur verwilderte Hausesel.

# Mythos und Geschichte

Die ersten verlässlichen Zeugnisse über die Domestikation (Haustierwerdung) des Pferds stammen aus der Ukraine. Dort hielten die Menschen schon vor 6000 Jahren Pferde- und Rinderherden, mit denen sie durch die Steppe zogen. Etwa zur gleichen Zeit wurde in Ägypten und Arabien der Afrikanische Wildesel domestiziert. Anfangs dienten Esel und Pferde hauptsächlich als Zugtiere für Lastkarren oder Streitwagen. Bald wurde der Streitwagen zum Statussymbol der Könige. Sie fuhren damit in die Schlacht und auf die Jagd und hielten in ihnen Paraden ab. Zur Zeit des griechischen Dichters Homer (8. Jh. v. Chr.) aber reiste man üblicherweise auf Pferde- oder Eselsrücken (S. 46–49). Zur Kriegsführung waren immer noch Streitwagen in Gebrauch (S. 42–45). Im klassischen Altertum bauten Griechen und Römer Rennbahnen für Wagenrennen, die ein beliebtes Spektakel für alle Gesellschaftsschichten waren.

**ENDE EINES SCHWEREN TAGES**
Einem griechischen Mythos zufolge zieht ein Pferdegespann jeden Tag den Sonnenwagen vom einen Ende der Erde zum anderen. Die Züge dieses marmornen Pferdekopfes (Parthenon, Athen, 5. Jh. v. Chr.) spiegeln die Erschöpfung des Tiers.

**STANDARTE VON UR**
Diese frühe Darstellung eines vierrädrigen Eselskarrens ist eine der farbenprächtigen Einlegearbeiten der „Mosaikstandarte“ aus den Königsgräbern von Ur (um 2500 v. Chr.).

**FLIEGENDES PFERD**
Nach einer griechischen Sage entsprang das geflügelte Pferd Pegasus dem Blut der Medusa, als Perseus, ein Sohn des Göttervaters Zeus, dem Ungeheuer den Kopf abschlug. Pegasus flog zu den Göttern, wo er von Athene, der Göttin der Weisheit, gefangen und mit einem goldenen Zaum gezähmt wurde. Diese Pegasus-Gravur ziert eine bronzene Schminkdose, die um 300 v. Chr. von Etruskern angefertigt wurde.

**REITER**
Dieses zypriotische Terrakottamodell (7. Jh. v. Chr.) stellt wahrscheinlich einen assyrischen Krieger dar. Er trägt einen Schild, sein Pferd einen Brustharnisch und einen Kampfhelm.

**ZENTAUREN: HALB MENSCH, HALB PFERD**
Realer Hintergrund der Zentaurensagen könnten thessalische Reiter gewesen sein. Den alten Griechen waren Menschen auf Pferderücken unbekannt, sie hielten Reiter und Pferd deshalb für ein fremdartiges Lebewesen. Diese Skulptur vom Parthenon (Athen, 5. Jh. v. Chr.) zeigt eine Szene aus der Schlacht zwischen den wilden Zentauren und den Lapithen, ebenfalls mythischen Bewohnern Thessaliens.

**WEIT GEREIST**
Diese prächtigen Bronzepferde gelten als Werk des griechischen Bildhauers Lysippus (4. Jh. v. Chr.). Von Rom kamen sie nach Konstantinopel, im Jahr 1204 von dort nach Venedig in den Markusdom. 1797 brachte Napoleon das Standbild nach Paris. 1815 kehrten die Pferde nach Venedig zurück.

**GEBRANDMARKT**
Brandzeichen benutzt man seit über 2000 Jahren, um den Besitzer (heute meist das Gestüt) eines Pferds zu kennzeichnen. Die Jagdszene oben stammt aus einem Mosaikfußboden (um 500 v. Chr.), den man in Karthago (im heutigen Tunesien) entdeckt hat. Jagen war eine Lieblingsbeschäftigung der Reichen im damaligen Nordafrika.

**FINTE**
Als die Griechen um 1184 v. Chr. Troja nicht einnehmen konnten, bauten sie ein riesiges hohles Holzpferd und zogen sich scheinbar zurück. Die Trojaner holten das Pferd in die Stadt. In dessen Bauch aber waren Griechen verborgen, die nachts ihre Streitmacht in die Stadt ließen.

**CHINESISCHE KOSTBARKEIT**
Die Chinesen erwiesen ihren Pferden immer großen Respekt. In der Tang-Dynastie (618–907 n. Chr.) entstanden viele solcher Keramikpferde, die heute kostbare Kunstschätze darstellen. Die blaue Kobaltglasur wurde nur selten verwendet, da Kobalt nur in geringen Mengen eingeführt wurde und sehr teuer war. Diese Tonfigur wurde wahrscheinlich in mehreren Teilen geformt und dann zusammengesetzt.

# Arbeitstier Esel

Der Hausesel (*Equus asinus*) stammt vom Afrikanischen Wildesel (*Equus africanus*) ab (S. 16–17). Alle drei Unterarten des wilden Steppen- und Wüstenbewohners wurden wahrscheinlich als Haustiere genutzt und untereinander gekreuzt, vor allem aber der Nubische und der Nordafrikanische Wildesel. Als ehemaliges Wüstentier hat der Esel Kraft, Ausdauer und Genügsamkeit. Er kann schwere Lasten weit tragen und benötigt dabei nur wenig Nahrung und Wasser. In freier Natur müssen Eselfohlen schnell auf die Beine kommen, damit sie der Herde folgen können und nicht Raubtieren zum Opfer fallen. Die Tragzeit beträgt bei Eseln 12 Monate – einen Monat mehr als bei Pferden. Soll ein Esel gut gedeihen, braucht er die Gesellschaft anderer Tiere, denn er ist ein Herdentier wie alle Pferdeverwandten. Auch muss man ihm die Hufe abfeilen, wenn er auf weichem Boden gehalten wird, wo sie nicht durch Sand und Steine abgeschliffen werden.

**JESU REITTIER**
Zur Zeit Jesu war der Esel in Palästina das übliche Transportmittel. Deshalb findet man ihn auch auf vielen Darstellungen der Heiligen Familie. Weil Jesus vor seinem Tod am Kreuz auf einem Esel in Jerusalem einzog und bei Eseln Aalstrich und schwarzes Querband über der Schulter ein Kreuz bilden, schrieb man dem Fell an dieser Stelle heilende Wirkung zu.

**ANDALUSISCHER ZIEGENHIRTE**
In Andalusien im Südwesten Spaniens benutzt man Esel noch heute als Reit- und Arbeitstiere. Auf Eselsrücken reitend, führt diese Familie ihre Ziegenherde zu neuen Weiden.

**DRESCHESEL**
In Griechenland kann man noch heute Esel beim Dreschen beobachten. Sie werden im Kreis über das Getreide geführt und treten mit ihren Hufen die Körner aus den Ähren.

**WASSERTRÄGER**
Wasser, das kostbarste Gut in Wüstenländern, muss oft von weit her geholt werden. Diese tunesische Frau trägt ihr Kind auf dem Rücken und treibt einen mit Wasserkrügen beladenen Esel.

Englischer Eselskarren (Mitte 19. Jh.)

Eselfamilie: fünfjähriger Vater, neunjährige Mutter, 11 Monate alter Sohn

**POITOU-ESEL**

In der französischen Region Poitou züchtet man schon seit Jahrhunderten sehr große Esel, die man mit Pferdestuten kreuzt, wodurch man riesige Maultiere erhält. Die Maultiere werden dort für Arbeiten eingesetzt, die in nördlicheren Ländern schwere Zugpferde übernahmen. Poitou-Esel erreichen fast 1,5 m Schulterhöhe und sind damit die größte Eselrasse. Ihr Fell ist lang und dunkel und wirkt oft zottelig.

Nach einem Leben voll harter Arbeit hat sich dieser alte Esel sein Gnadenbrot verdient.

**AFRIKANISCHE ESEL**

Diese Esel trinken an einem Wasserloch in Kenia. Dort leben sie halb wild auf einer Ranch. Sie müssen selbst für ihre Nahrung sorgen und lernen, Leoparden, Hyänen und anderen Raubtieren aus dem Weg zu gehen – wie wilde Tiere.

Zehnjähriger Irischer Esel, 117 cm

**IRISCHES LANGOHR**

Der Esel ist das traditionelle Zug- und Lasttier Irlands, eines der wenigen nordeuropäischen Länder, in denen seit Jahrhunderten Esel gezüchtet werden. Irische Esel sind an das kühle Klima angepasst: Sie haben viel kürzere Beine als die Rassen aus dem Mittelmeerraum und Arabien und außerdem ein dickeres Fell.

**KÖNIGLICHE ESEL**

Heute werden Esel oft als Kinderattraktion in Freizeitparks gehalten. Deshalb züchtet man besonders niedliche Esel wie diese weiß gelockten Tiere. Im Altertum bevorzugten Könige weiße Esel.

# Maultier und Maulesel

Während seines harten Tagwerks frisst das Muli Hafer aus einem Futterbeutel.

Schon vor etwa 4000 Jahren kreuzten die Sumerer Pferde und Esel. So entstanden die ersten Maultiere oder Mulis (Eselvater und Pferdemutter) und Maulesel (Pferdevater und Eselmutter). Auch für die Römer ist Maultierzucht belegt. So wird in römischen Schriften empfohlen, Eselhengste für die Maultierzucht mit Pferden aufzuziehen, damit sich die Hengste später leichter mit Pferdestuten paaren. Seit Jahrtausenden verwendet man Maultiere als Packtiere (S. 46–47), denn sie können gewaltige Lasten tragen, weil sie die Ausdauer des Esels mit der Kraft des Pferds vereinen. Als Herdentiere (wie ihre Eltern) arbeiten Mulis am besten in einer Karawane. Eine darauf abgerichtete Stute mit einer Glocke um den Hals führt die Karawane an. Die anderen Tiere folgen dem Klang der Glocke, sodass sie auch bei Nacht ihren Weg finden. Die Kreuzbarkeit aller Arten untereinander ist eine Besonderheit der Pferdefamilie. Die Nachkommen einer solchen Verbindung sind zwar meist gesund und stark, können selbst aber keine Jungen bekommen.

**ÄGYPTISCHE GESPANNE**
Auf dem oberen Bild dieser ägyptischen Grabmalerei (um 1400 v. Chr.) ziehen zwei Pferde einen Streitwagen, auf dem Bild darunter zwei weiße Maulesel. Die kürzeren Ohren lassen erkennen, dass es sich um Maulesel, nicht um Maultiere handelt. Gerader Hals, dunkles Schulterkreuz und Quastenschwanz zeigen, dass es keine Pferde sind.

**INDISCHER LASTWAGEN**
In Asien benutzt man seit mindestens 3000 Jahren die gleichen Maultier-Karren. Das Geschirr aber hat sich verändert. Früher zogen immer zwei Mulis links und rechts einer Mitteldeichsel die Karren, seit etwa 2000 Jahren erledigt die Arbeit ein einziges Tier, das zwischen zwei Scherbäume gespannt wird. Das Muli ist gezäumt und wird über Zügel geführt. Im Wagen befinden sich die Habseligkeiten einer Familie einschließlich der Enten.

Ein 14-jähriges Maultier (140 cm) zieht einen indischen Karren.

**TOURISTENKLASSE**
Touristen mögen Kutschfahrten. Selbst in den überfüllten Straßen von New Orleans (USA) ist das heute noch möglich. An einem Pfahl mit Pferdekopf angebunden, wartet dieses Muli auf Kundschaft.

**KRAFTVOLLER „HAFERMOTOR"**
Maultiere sind schneller als Ochsen und trittsicherer als Pferde. Daher waren sie die bevorzugten Tiere der europäischen Siedler in Nordamerika, als diese im 19. Jh. in langen Trecks auf schlammigen Wegen und durch Wüsten nach Westen zogen. Auch als Packtiere der Armee fanden Maultiere Verwendung.

# Kreuzungen

Kreuzt man eine Eselstute mit einem Pferdehengst, nennt man das Kind der beiden Maulesel. Die Kreuzung zwischen einem Eselhengst und einer Pferdestute nennt man dagegen Maultier oder Muli. Maulesel sind in der Regel kleiner als Maultiere. Letztere werden bei guter Ernährung und Pflege meist größer und kräftiger als ihre Eltern.

Achtjähriger Maulesel

**STÖRRISCH WIE EIN MAULESEL**
Dieser achtjährige Maulesel (eine Kreuzung zwischen einer Eselin und einen Ponyhengst) lässt sich zu nichts zwingen. Esel, Maulesel und Maultiere gelten als sehr störrisch. Doch dahinter steckt Unkenntnis: Sie sind Herdentiere, sehr klug und sehr neugierig. Deshalb muss man sie daran gewöhnen, einem Leittier oder einem Menschen wie dem Anführer einer Herde zu folgen. Dann gehen sie, wohin man will, und sei es auch noch so gefährlich.

„Unartiger Maulesel" als Zirkusnummer

Dieses alte Hufeisen und die Hufnägel hat der Hufschmied gerade vom Pferdehuf entfernt.

# Beim Hufschmied

Zur Pflege nach dem täglichen Ausritt gehört, dass der Reiter oder die Reiterin mit einem Hufkratzer Schmutz und Steine entfernt, da das Pferd sonst rasch lahmt. Der saubere Huf wird mit Huföl eingefettet. Doch diese Hufpflege allein reicht nicht aus. Pferde-, Esel- und Zebrahufe bestehen wie unsere Finger- und Zehennägel aus Keratin (Horn). Wie diese müssen Hufe geschnitten werden. Das tut dem Tier genauso wenig weh wie uns das Nägelschneiden. Auf ebenem harten Boden nutzen sich die Hufe eines Hauspferds von allein gleichmäßig ab, doch in steinigem Gelände brechen sie. Auf zu weichem Boden nutzen sie sich nicht ab, werden zu lang und krankheitsanfällig. Deshalb muss ein Pferd regelmäßig zum Hufschmied. Er beschlägt das Pferd nicht nur mit Hufeisen, sondern schneidet auch die Hufe aus.

1 **ENTFERNEN DES HUFEISENS** Das Pferd steht ganz still, während der Schmied das alte Hufeisen ablöst.

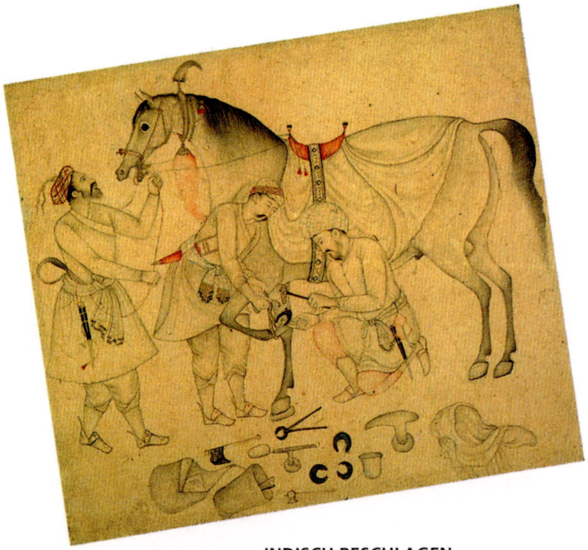

**INDISCH BESCHLAGEN** Die Technik des Pferdebeschlagens ist in aller Welt seit Jahrhunderten dieselbe geblieben. Diese Darstellung aus der Mogulzeit (1600) zeigt drei Hufschmiede beim Beschlagen eines edlen Pferds. Im Vordergrund sieht man ihr Handwerkszeug.

Werkzeugkasten eines Hufschmieds

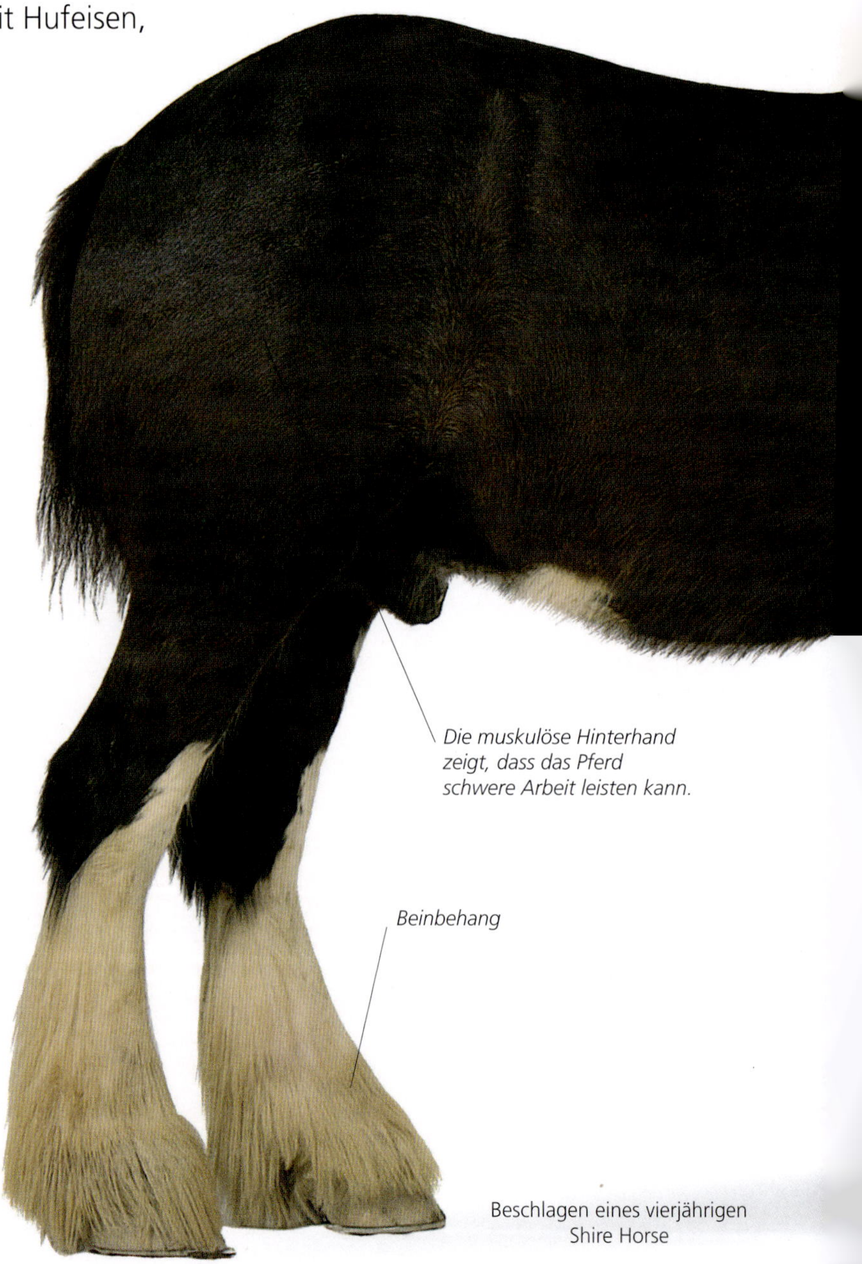


Beschlagen eines vierjährigen Shire Horse

**GLÜCKSBRINGER**
Überall auf der Welt gilt das Hufeisen als Glücksbringer. Man muss es mit der offenen Seite nach oben aufbewahren, damit das Glück hineinfällt und darin bleibt. Hier sieht man ein südenglisches Hufeisen aus dem 1. Jh. n. Chr.

Abgeschnittenes Horn vom Hufrand

**2 HUFPFLEGE** Der „nackte“ Huf wird gesäubert, die Sohle mit einem Hufmesser sauber ausgeschnitten und der Huf glatt gefeilt.

**3 SCHMIEDEN DES EISENS**
Der Schmied hämmert das glühende Eisen in Form. Dann treibt er mit einem Hammer und einem Dorn Löcher für die Hufnägel hinein.

**4 HEISSES EISEN**
Das neue Eisen wird dem Pferd heiß angepasst, dann lässt man es abkühlen. Beim Anpassen stinkt es zwar fürchterlich nach verbranntem Horn, doch Schmerzen empfindet das Pferd dabei nicht.

*Stockmaß 178 cm*

*Kastanie*

*Abfeilen des Hufrands und der Nagelspitzen*

*Das Pferd balanciert auf einem Vorderbein.*

**6 DER LETZTE SCHLIFF**
Zum Schluss wird die Außenseite der Hornwand abgeraspelt, damit Hufeisen und Hufwand glatt aufeinanderpassen. Auch die Nägel dürfen keinesfalls überstehen, das Eisen darf keine scharfen Kanten aufweisen.

**5 ANNAGELN** Der Hufschmied schlägt spezielle Hufnägel durch die vorgestanzten Löcher im Eisen. Nägel, die hervorschauen, werden umgebogen und in den Huf geklopft.

**PFERDESCHUH**
Erst nach der Römerzeit kamen Hufeisen auf. Doch die Römer zogen ihren Pferden oft „Hufschuhe“ aus Bast oder „Sandalen“ aus Eisen an, die mit Lederriemen festgebunden waren.

Französischer Hufschuh (3. Jh. v. Chr.)

# Zaum- und Sattelzeug

Rückansicht einer Frau im Damensattel

Bei den ersten Hauspferden und -eseln setzte man sich wahrscheinlich auf den blanken Rücken und führte sie an einem Seil, das durch die breite Lücke zwischen Schneide- und Backenzähnen gezogen und dann um den Unterkiefer gebunden wurde. So führt man auch heute noch in der Türkei und in Griechenland Esel. Die ersten „Gebisse“ (Mundstücke des Zaums), an denen Zügel und eventuell auch Kopfstücke befestigt wurden, waren aus Leder, Knochen oder Holz. Ab etwa 1500 v. Chr. wurden diese Materialien durch Bronze, später durch Eisen ersetzt. Bis in die spätrömische Zeit benutzte man keinen Sattel (höchstens eine Decke) und bis zum 8. Jahrhundert kannte man in Europa keine Steigbügel. Diese wurden wahrscheinlich in China erfunden. Doch auch ohne Sattel und Steigbügel konnten eurasische Reiter und später die nordamerikanischen Indianer (S. 34–35) vom Rücken galoppierender Pferde aus Pfeile abschießen. Die ältesten Berichte über solch ein wildes Reitervolk stammen von Herodot (5. Jh. v. Chr.). Er beschreibt die Skythen, die im 7. Jh. v. Chr. von Sibirien bis ans Schwarze Meer vorgedrungen waren. Diese gefürchteten Nachbarn der Griechen ritten ohne Bügel, nur mit einer Satteldecke. Als kostbarster Besitz wurden den skythischen Reitern ihre Pferde mit ins Grab gelegt.

**KLING, GLÖCKCHEN ...**
Glöckchen am Zaumzeug waren eine Sicherheitsvorrichtung. So konnte man Pferde und Reiter auch in einem Schneesturm wiederfinden.

**DIE SPOREN GEBEN**
In der Ritterzeit mussten die Pferde nicht nur schwer gepanzerte Ritter tragen. Sie wurden „an die Kandare genommen“, ein Gebiss, das starken Druck im Pferdemaul ausübt, und sie wurden mit spitzen Sporen, die die Ritter an den Stiefeln trugen, schmerzhaft „angespornt“.

Spornrad (Länge 23 cm) aus Eisen und Messing (Westeuropa, frühes 16. Jh.)

Dieses kleine Spornrad aus Eisen (Länge 4 cm) konnte direkt am Schuh befestigt werden (Europa, spätes 17. Jh.).

Dorn-Sporn (Gesamtlänge 29 cm) aus Eisen (maurisch, frühes 19. Jh.)

**FUSS-STÜTZEN**
Wahrscheinlich im 5. Jh. erfanden die Chinesen Steigbügel aus Metall. Von China aus breitete sich ihr Gebrauch langsam nach Westen aus. Steigbügel veränderten die Kriegsführung, denn jetzt konnten die Krieger auch schwere Waffen führen, ohne vom Pferd zu fallen.

Eisensteigbügel (Bulgarien, 9. Jh.)

Filigraner pantoffelförmiger Steigbügel aus Eisen (Spanien, 17. Jh.)

Kastensteigbügel aus bemaltem Holz mit Messing-Gitterwerk (Frankreich oder Italien, spätes 18. Jh.)

Steigbügel aus Messing, verzier mit zwei Drachen (China, 19. Jh.

Wassertrense (Irland, um Christi Geburt)

Ausschnitt aus dem Wandteppich von Bayeux (Frankreich, um 1080)

**SIEGREICH ZU PFERDE**
In der Schlacht von Hastings (1066) besiegte Wilhelm der Eroberer mit seinen normannischen Truppen die Engländer v. a. deshalb, weil die normannischen Krieger auf Pferden mit Steigbügeln kämpften, während die Engländer, die keine Steigbügel kannten, ihnen zu Fuß entgegentraten.

**GEBISSE**
Trense: einfaches, in der Mitte „gebrochenes" Mundstück. Kandare: mit zwei seitlich langen Anzügen, Kinnkette und Unterlegtrense. Pelham: ein Mittelding zwischen Trense und Kandare, kann wie letztere mit doppelten Zügeln geführt werden.

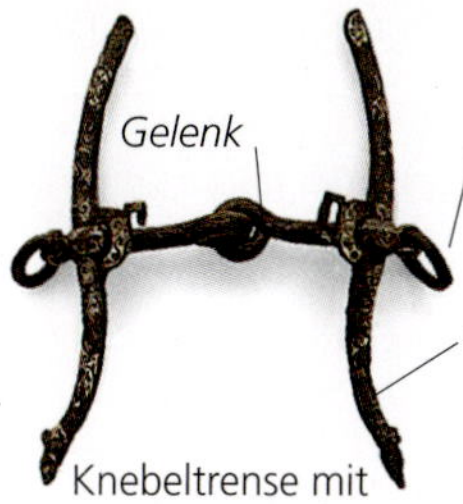

Knebeltrense mit einmal gebrochenem Gebiss (Bulgarien, 9. Jh.)

Kandare (Länge 30,5 cm) aus Stahl und Messing (Europa, 16. Jh.)

Kandare (Länge 18,5 cm) mit ungebrochenem Gebiss aus Stahl und Messing (Portugal, 19. Jh.)

Diese im Stil des 19. Jh. gekleidete Frau reitet im Damensattel auf einer sechsjährigen Lipizzanerstute.

**IM DAMENSATTEL**
Diese Lipizzanerstute wird im Damensattel geritten. Heute benutzt man den Damensattel nur noch zu Schauzwecken. Früher aber konnten Frauen nur mit ihm reiten, da ihre langen Gewänder es nicht erlaubten, die Beine rechts und links herabhängen zu lassen. Das Reiten im Damensattel soll recht bequem sein.

(Sattel-)Zügelring (England, 1. Jh. n. Chr.)

Steigverbindung aus Bronze (England, 1. Jh. n. Chr.)

Durch diesen verzierten Zügelring (Ägypten, 1. Jh. v. Chr.) am Geschirr wurden die Zügel geführt.

# Eroberungen zu Pferde

**SCHACHFIGUR**
Dieser Ritter auf seinem Pferd wurde im 12. Jh. aus einem Walrosszahn geschnitzt. Er ist eine der berühmten Schachfiguren, die man auf der Insel Lewis vor der schottischen Westküste fand.

Ohne Pferd und Esel wäre die Weltgeschichte anders verlaufen. Zu Fuß hätten viele Eroberungen und Entdeckungsreisen nicht stattgefunden. Es hätte keine Kreuzzüge gegeben und auch die Zerstörung der Hochkulturen Amerikas wäre nicht so leicht möglich gewesen. Eroberer benötigen schnelle Transportmittel für Waffen und Proviant, sonst können sie die angestammte Bevölkerung nicht überwältigen. Zwar legte man schon seit etwa 1000 v. Chr. Wege zu Pferde zurück, doch erst 2000 Jahre später, im 11. Jahrhundert, wurden Pferde beschlagen und man benutzte Sättel mit Steigbügeln. Von da an gewannen Pferde bei der Kriegsführung und im Sport (S. 42–45) zunehmend an Bedeutung und berühmte Weltreisende wie Marco Polo konnten zu Pferde weite Strecken durch Europa und Asien zurücklegen. Marco Polos Weg wäre selbst in unserem Flugzeug-Zeitalter noch eine lange Reise.

**DSCHINGIS KHAN**
Dschingis Khan (1155–1227) eroberte mit seinen mongolischen Reiterhorden weite Gebiete. Sein Reich erstreckte sich quer durch Asien bis nach Europa, von der Chinesischen Mauer bis zum Mittelmeer.

Zwei etruskische Reiterfiguren aus Bronze (Norditalien, um 500 v. Chr.)

**ANTIKE BOGENSCHÜTZEN**
Diese beiden etruskischen Bronzestatuetten zeigen skythische Bogenschützen beim Abschießen ihrer Pfeile ohne Sattel und Steigbügel vom Rücken eines galoppierenden Pferds aus. Der nach hinten zielende Schütze führt den „Partherschuss" aus, eine Technik, die innerasiatische Reiternomaden häufig anwandten.

Bronzestatue Karls des Großen

**KAISER KARL**
Karl der Große (742–814) eroberte als Herrscher der Franken Sachsen und die Lombardei. 796 führte er mehr als 15 000 Reiter gegen die Awaren in Ungarn. Im Jahr 800 wurde er zum Kaiser des Heiligen Römischen Reiches gekrönt, das sich von Dänemark bis Mittelitalien und von Frankreich bis Österreich erstreckte.

**IM SATTEL**
Ein Prunkstück ähnlich diesem tibetischen Holzsattel (18. Jh.) mit Gitterwerk aus Gold und Silber mag Dschingis Khan besessen haben.

Tibetische Sattel (18. Jh.

**ALEXANDER DER GROSSE**
Eines der berühmtesten Pferde aller Zeiten ist wohl der schwarze Hengst Bukephalos (geboren 331 v. Chr.). Er gehörte Alexander dem Großen (356–323 v. Chr.), der mit 20 Jahren König von Makedonien wurde. Auf Bukephalos eroberte Alexander die Welt – von Griechenland im Westen bis Ägypten im Süden und Afghanistan im Osten.

Auf diesem Steinfries eines syrischen Sarkophags ist Alexander der Große auf Bukephalos dargestellt.

**ST. GEORG**
Diese Ikone wurde im 13. Jh. von einem Kreuzritter angefertigt.

*Der Bogenschütze führt einen Partherschuss aus, d. h. er schießt seinen Pfeil nach hinten auf Verfolger ab.*

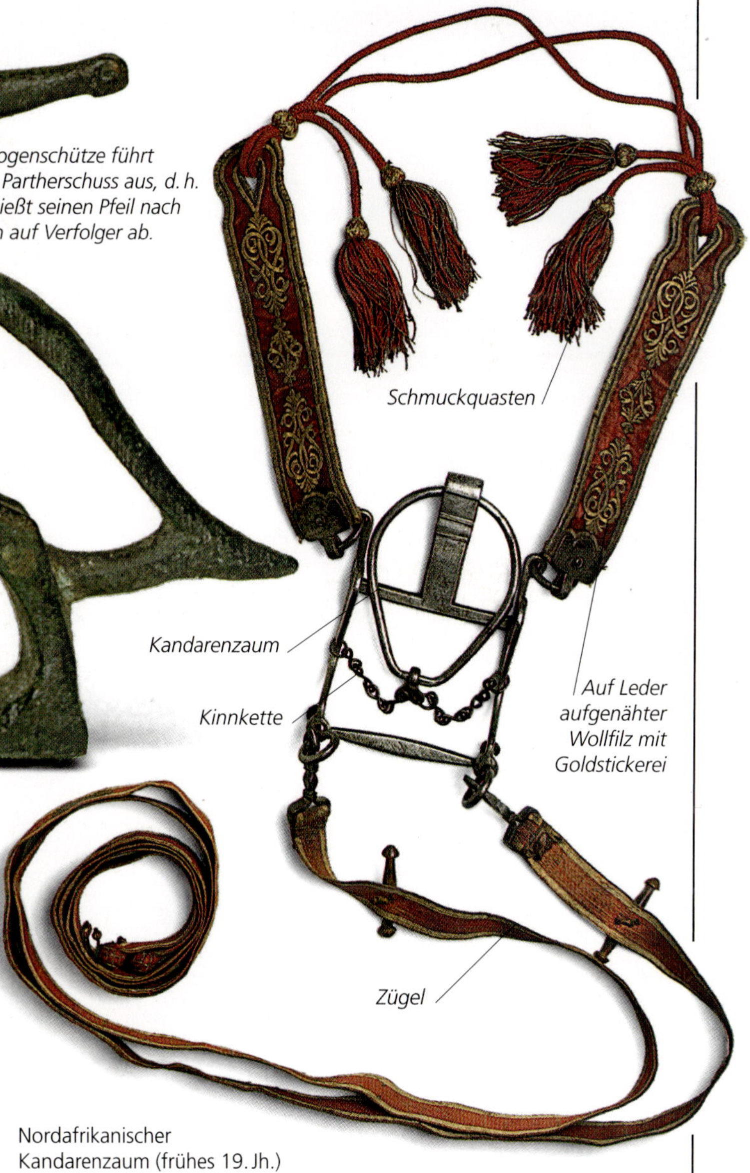


Nordafrikanischer Kandarenzaum (frühes 19. Jh.)

**GOLDENER WAGEN**
Dieses kunstvolle Modell eines vierspännigen Streitwagens stammt aus der persischen Achämenidendynastie (5. Jh. v. Chr.) und besteht aus Gold. Die Anspannung mit zwei seitlichen Deichseln ist ungewöhnlich.

Teil eines Schatzes vom Oxus, einem Fluss in Innerasien

# In die Neue Welt

Das Pferd stammt zwar ursprünglich aus Nordamerika, war dort jedoch vor etwa 10 000 Jahren ausgestorben. Daher staunten die Ureinwohner sehr, als der Spanier Cortés im Jahr 1537 mit Pferden an der Ostküste Mexikos landete. Die Pferde verhalfen den Europäern in Amerika nicht nur zu „göttlichem" Ansehen, sie ermöglichten auch die Eroberung des weiten Kontinents. Als im 17. Jahrhundert spanischen Siedlern einige Pferde entkamen, breiteten sich deren Nachkommen schnell über die Steppengebiete des amerikanischen Kontinents aus. Bald lernten die Ureinwohner sie schätzen. Sie fingen wilde Pferde ein oder kauften den europäischen Siedlern Tiere ab. Diese waren der Grundstock für die indianische Pferdezucht. Wie einst die Skythen beherrschten die Indianerkrieger bald die Kunst des Bogenschießens vom nackten Rücken eines Pferds aus.

**FESTPROZESSION**
Bei festlichen Anlässen trugen die Häuptlinge der nordamerikanischen Sioux herrlichen Federschmuck aus Truthahnfedern und ritten auf ihren besten Pferden.

**KAMPF UM INDIANERLAND**
Wie andere Indianerstämme benutzten auch die Sauk Pferde als Last- und Zugtiere, ritten auf ihnen zur Jagd und in den Krieg. Keokuk (oben, 1760–1848), von der US-Regierung zum Häuptling ernannt, unterschrieb Verträge, die sein Volk um den größten Teil seines Landes brachten. Schwarzer Falke, der rechtmäßige Häuptling der Sauk, verteidigte mit seinen Leuten das Land, wurde aber geschlagen.

**SCHWERSTARBEIT**
Ehe Nordamerika durch die Eisenbahn erschlossen war, wurden Güter mithilfe von Maultieren transportiert. Gespanne von sechs oder mehr Tieren zogen schwere Wagen über schlammige Straßen, die nur so passierbar waren.

**GÖTTER AUF PFERDEN**
Als Hernán Cortés mit seinen Soldaten in Mexiko ankam, hielten die ansässigen Indios die Spanier für Götter. Dass sie auf so fremdartigen Tieren ritten, spielte dabei eine große Rolle.

**NACH WESTEN**
1843 zogen 1000 Siedler von Missouri 3300 km weit über den Oregon Trail nach Westen. Um sich vor Indianerangriffen zu schützen, stellten sie ihre Wagen abends zu einer Wagenburg auf. Nach langen, schrecklichen Monaten mit schlechtem Wetter, Krankheiten, Nahrungsmangel und der gefahrvollen Überquerung der Rocky Mountains erreichten sie endlich ihr Ziel: Kalifornien.

Zwei Gelderländer (168 cm) ziehen einen „Prärieschoner".

**AMERIKAS ERSTES WOHNMOBIL**
Die ersten europäischen Siedler zogen mit ihren Kindern und ihrer ganzen Habe in Planwagen durch Nordamerika. Das war nicht so romantisch, wie es scheint. Man musste alles selber machen: die Pferde beschlagen, Räder reparieren, Brot backen und Kranke pflegen.

**PAMPASREITER**
Die Cowboys Südamerikas nennt man Gauchos. Sie sind meist spanisch-indianischer Abstammung und hüten die großen Rinderherden auf den Pampas, den Grassteppen Südamerikas.

# „Wilde" Pferde

Richtige Wildpferde gibt es nicht mehr (S. 20–21). Doch in vielen Teilen der Welt leben Herden „verwilderter" Pferde. Sie stammen zwar von Haustieren ab, werden aber nicht mehr von Menschen betreut und leben wie ihre wilden Vorfahren. Die ersten Pferde, die von Europa nach Amerika kamen, waren die Hengste der Soldaten. Mit den ersten europäischen Siedlern kamen dann auch Stuten in die Neue Welt. Bald breiteten sich entlaufene Tiere und deren Nachkommen über ganz Nord- und Südamerika aus. Wenig später gab es Millionen wild lebender Pferde in den Grassteppen Amerikas. Heute ist die Zahl der nordamerikanischen Mustangs, die einst in riesigen Herden die Prärien durchstreiften, durch Bejagung auf etwa 10 000 zurückgegangen. Oft wurden auch ganze Mustangherden eingefangen und wieder gezähmt. Ähnliches gilt auch für die Brumbys in Australien.

**FELL-PONY**
Fell-Ponys sind im Besitz von Menschen, aber man lässt sie in der weiten Moor- und Heidelandschaft ihrer nordenglischen Heimat in großen Herden weit umherstreifen. Früher benutzte man das Fell-Pony v. a. als Packtier, heute vermehrt als Kutsch- und Reitpferd.

*Kleine Ohren*

*Unter den New-Forest-Ponys gibt es Braune, Schwarzbraune, Grauschimmel, Schimmel, Füchse und Rappen, aber keine Schecken.*

*Kräftige Beine tragen den gedrungenen Körper.*

*Die Hufe haben eine dicke Hornwand.*

**DÜLMENER PONY**
Dülmener Ponys (Dülmener Wildpferde) leben seit Jahrhunderten frei in einem Wildpark im Merfelder Bruch bei Dülmen in Westfalen. Einmal im Jahr fängt man Hengste als Reit- und Zugpferde ein. Sie sind besonders gutartig und kinderlieb.

**AUSTRALISCHER BRUMBY**
Während des Goldrausches in Australien entkamen den Goldsuchern Pferde, die sich in den Grassteppen Australiens ausbreiteten. Diese verwilderten Herden sind bei Viehzüchtern sehr unbeliebt, weil sie mit den Rinder- und Schafherden um Nahrung konkurrieren und häufig von Parasiten befallen sind. Deshalb hat man sie so stark gejagt, dass es heute nur noch wenige Brumbys gibt. Anders als Mustangs lassen sich die unberechenbaren Brumbys nicht zähmen.

**HARTES MUSTANGLEBEN**
Den letzten nordamerikanischen Mustangs bleiben als Rückzugsgebiete nur noch karge Landstriche wie die Wüste von Nevada.

**MARKENPFERD**
Wilde Pferde dienen oft als Symbol für Freiheit, Eleganz oder Schnelligkeit. Mit ihnen wurde schon für viele Produkte Werbung gemacht, von Zigaretten bis Kleidung. Für rassige italienische Sportwagen wirbt dieses Ferrari-Pferd.

**CAMARGUE-PFERD**
Das Camargue-Pferd lebt seit über 1000 Jahren in der Camargue in Südfrankreich. Mit seinen breiten Hufen ist das große Pony gut an den weichen Sumpfboden des Rhônedeltas angepasst.

New-Forest-Ponys, 127–147 cm

**DIE PONYS AUS DEM NEW FOREST**
Im New Forest, einem ausgedehnten Waldgebiet in Hampshire (Südengland), gibt es seit dem 11. Jh. große Ponyherden. 800 Jahre lebten die Pferde dort wild. Im 19. Jh. aber versuchte man die Rasse durch Kreuzung mit anderen Rassen zu „veredeln“. Deshalb variieren die Tiere heute sehr stark. Auch heute noch gibt es New-Forest-Ponys in freier Wildbahn. Sie werden aber auch auf Gestüten gezüchtet als angenehme, ruhige Reit- und Zugtiere.

# Pferde aus aller Welt

Die verschiedenen Pferderassen unterteilt man meist in drei Großgruppen. Die erste bilden die „Vollblutpferde" (Araber und englisches Vollblut). Im 17./18. Jahrhundert kamen drei Araberhengste nach England: Byerley Turk (1698), Darley Arabian (1702) und Godolphin Arabian (1731). Von ihnen stammen bis heute die Väter der englischen Vollblutzucht ab. Die zweite Rassekategorie sind die „Warmblüter". Ihre Körpertemperatur ist nicht höher als bei Kaltblütern. Warmblut ist eine in Deutschland übliche Bezeichnung für edle, elegante Pferderassen, leichtgängige Reit- und Kutschpferde, entstanden durch Kreuzung von Arabern mit den regionalen Pferderassen. Deshalb bezeichnet man Warmblüter auch als „Halbblüter". Diese Gruppe stellt die meisten Sportpferde (S. 58–61). Nur Rennpferde sind in der Regel englische Vollblutpferde. Als „Kaltblüter" schließlich bezeichnet man große, schwere Zugpferde (S. 50–53).

Grauschimmel wie dieses irische Connemara-Pony haben weiße und schwarze Haare auf schwarzer Haut.

Rappschimmel (hier ein russischer Orlow-Traber): hellgraue Flecken auf dunkelgrauem Fell

Goldisabellen (hier ein österreichischer Haflinger) sind goldbraune Pferde mit weißer Mähne und weißem Schweif.

Füchse (hier ein Französischer Traber) gibt es in den verschiedensten Rotbrauntönen. Auch Mähne und Schweif sind rotbraun (im Gegensatz zu Braunen).

Dieser Cleveland Bay aus England hat eine rassetypische goldbraune Färbung. Wie bei allen Braunen sind Mähne, Schweif und Bein schwarz.

Vierjähriger Vollblut-Araber, ein rötlicher Brauner

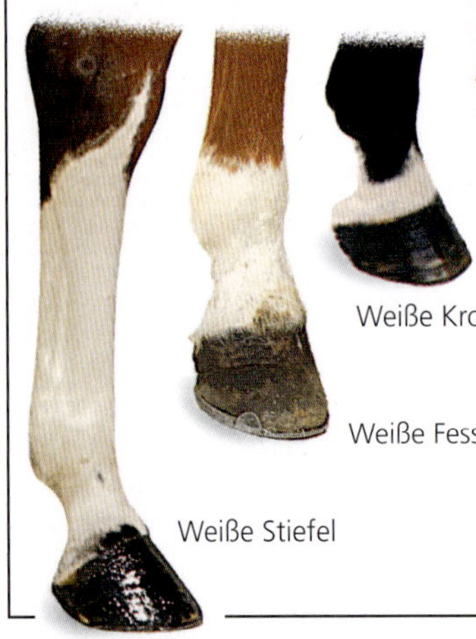

„Abzeichen" an Pferdebeinen:

Weiße Kronränder

Weiße Fesseln

Weiße Stiefel

Bei Dunkelbraunen wie diesem ungarischen Nonius besteht das Fell aus braunen und schwarzen Haaren.

**BERBER**
Diese Rassepferde mit 2000-jähriger Geschichte heißen Berber wie die nordafrikanischen Nomaden, deren traditionelles Reitpferd sie sind.

*Stockmaß 145 cm*

**AUFBÄUMEN**
Schönheit und Gelehrigkeit machten Pferde zu beliebten Zirkustieren. Die schwierigen Dressurakte sind Variationen von natürlichen Bewegungen.

**FARBENVIELFALT**
Auf diesem Gemälde eines indischen Künstlers aus der Mogulschule (um 1590) ist eine persische Fabel dargestellt, in der eine Krähe zu einer Tierversammlung spricht. Man sieht mehrere Pferde in den verschiedensten Pferdefarben: Füchse, Schimmel, Apfelschimmel, Braune und Schecken.

Am häufigsten kommen bei Arabern Schimmel vor wie dieser 15-jährige Hengst.

**PFERDE-MARKT**
Dieser Ausschnitt aus einem Gemälde von John Herring (1795–1865) zeigt einen Pferdehandel vor 150 Jahren.

*Stickerei-verzierte Satteldecke*

**ADLIGER ARABER**
Das Arabische Vollblut gilt als das edelste Pferd. Es besitzt einen schmalen Kopf mit großen Augen und kurzen Ohren, schlanke Beine und ein feuriges Temperament. Als Vollblut-Araber gelten nur Tiere, deren Stammbaum sich lückenlos auf einen Original-Araber aus dem Orient zurückführen lässt.

# Rassen und Farben

Viele Länder und Landschaften haben ihre eigene, ganz charakteristische Pferderasse. Bekannte europäische Warmblutrassen sind z. B. Hannoveraner, Oldenburger, Holsteiner, Lipizzaner und Trakehner, bekannte Kaltblutrassen der Belgier, das englische Shire Horse und das schottische Clydesdale. Aber auch in Afrika gibt es außer Arabern und Berbern berühmte Rassen wie das südafrikanische Basuto-Pony, in Asien z. B. das Mongolen-Pony, in Amerika den Appaloosa. Jede Rasse hat ihre charakteristischen Merkmale, wobei Körpergröße und Form ausschlaggebend sind. Zwar gibt es auch bestimmte Farben, die manche Rassen häufig, andere nie aufweisen, aber es gibt auch viele Rassen, bei denen sich vom Schimmel bis zum Rappen alle Färbungen finden. Die Körpergröße ist je nach Rasse sehr unterschiedlich. Das argentinische Falabella-Zwergpony wird nicht größer als 76 Zentimeter, das englische Shire Horse erreicht ein Stockmaß von über 168 Zentimeter und ein Gewicht von 1 Tonne. Häufig bringt man das Temperament eines Pferds mit seiner Färbung in Verbindung. So gelten Füchse im Allgemeinen als schnell und temperamentvoll.

Siebenjähriger reinrassiger Andalusier mit Reiterin in traditioneller spanischer Reitkleidung

**FLECKEN**
Häufig haben Pferde weiße „Abzeichen" am Kopf, z. B. runde oder eckige „Sterne" auf der Stirn wie dieser Frederiksborger (dänisches Warmblut). Kleinere Flecken heißen „Blumen", ganz kleine „Flocke". Einen weißen Fleck zwischen den Nüstern nennt man „Schnippe".

**STREIFEN**
Streifen von der Stirn bis zum Maul nennt man „Blesse", ganz schmale Blessen „Schnurblessen". Dieser Oldenburger (seit dem 17. Jh. im Oldenburger Land gezüchtet) hat eine schmale Blesse. Blessen sind nicht immer durchgehend wie hier, sie können auch unterbrochen sein.

**BREITE BLESSE**
Dieser Gelderländer aus den Niederlanden hat eine breite Blesse, die die ganze Fellbreite zwischen den Augen einnimmt und bis zu den Nüstern hinunterreicht. Wenn das ganze Gesicht weiß ist, spricht man von einer „Laterne".

**HOHE SCHULE**
Die Spanische Hofreitschule in Wien wurde 1572 mit Schulpferden aus Spanien begründet. Heute reitet man dort hauptsächlich Lipizzaner.

**PFERDE IN DER KUNST**
Schönheit, Anmut und Stärke des Pferds inspirieren Künstler seit Jahrtausenden. Dieses Bild mit stilisierten blauen Pferden stammt von dem Maler Franz Marc (1880–1916).

**DAS SPANISCHE PFERD**
Andalusier, feurige leichte Reitpferde zwischen 155 und 165 cm Stockmaß, wurden zuerst Ende des 15. Jh. von Kartäusermönchen in drei Klöstern Südwestspaniens gezüchtet. Heute sind Andalusier (mit Berber- und Araberblut) meist Grauschimmel, früher waren sie rot oder schwarz.

*Schaffellpolster für einen bequemen Sitz des Reiters*

*Spanische Satteldecke*

*Eine schwierige Figur der Hohen Schule: die Piaffe mit erhobenen linken Vorder- und rechten Hinterbein*

Schwarze Pferde nennt man Rappen. Weiße Abzeichen treten gelegentlich auf. Dieser Rappe ist ein Kaltblut, ein Westfriese aus den Niederlanden.

Schimmel sind nicht immer weiß. Es gibt auch „Rotschimmel" (Fuchsschimmel) mit rötlichem Fell, das weiße Haare enthält. Rappschimmel oder „Blauschimmel" wie dieser italienische Kaltblüter haben schwarze oder braune und weiße Haare.

Falben haben gelbliches bis graues Deckhaar. Die Beine sind schwarz, Mähne und Schweif meist schwarzweiß. Falben weisen wie Wildpferde oft einen dunklen Aalstrich auf. Beim Fjordpferd aus Norwegen ist diese Färbung rassetypisch.

Bei Schecken gibt es die verschiedensten Arten der Fellzeichnung. Dieses Zwergpony ist ein Leopardenscheck. Es hat verschieden große dunkle, runde oder ovale Flecken auf sehr hellem Fell.

Ein Hauptmerkmal des amerikanischen Pinto ist die „Scheckenzeichnung". Dieses Pferd hat helle Flecken auf dunklem Grund (Overo-Pinto), Tobiano-Pintos dagegen haben dunkle Flecken auf hellem Grund.

Dieses Shetland-Pony von der gleichnamigen schottischen Inselgruppe ist großflächig weiß gescheckt.

# Schlachtrosse

In den letzten fünf Jahrtausenden setzte der Mensch Pferd und Esel immer wieder in Kriegen ein. In Streitwagen, vor die zwei Esel oder Pferde gespannt waren, konnte man schneller vorankommen und dem Feind größeren Schaden zufügen als zu Fuß. Seit der Zeit Alexanders des Großen (S. 32–33) spielten bewaffnete Reiter (Kavallerie) eine entscheidende Rolle – bis zum Ersten Weltkrieg. Erst danach ersetzten zunehmend Motorfahrzeuge die Pferde. Als im Mittelalter in Europa die Steigbügel aufkamen, nutzte die Kavallerie diesen Vorteil. Höhere Sättel mit Steigbügeln gaben den Reitern einen besseren Halt. So konnten sie längere Waffen, z. B. Lanzen, benutzen. Das erforderte eine schwere Rüstung und somit auch schwerere Pferde, die jedoch noch nicht die Größe heutiger Kaltblüter erreichten. Mit Beginn der Neuzeit kam man von gepanzerten Ritterheeren ab, weil diese zu unbeweglich waren. Die Kavallerie hatte nun leicht gepanzerte Kürassiere mit schweren Pferden, leichte Husaren und Dragoner und mittelschwere Ulanen und Jäger.

**NAPOLEONS SCHIMMEL**
In einer der größten Reiterschlachten der Geschichte kämpften bei Waterloo (Belgien) Franzosen gegen Engländer und Preußen (1815). Kaiser Napoleon Bonaparte (1769–1821) verlor den Kampf. Sein Araberhengst Marengo wurde verwundet, lebte aber noch bis 1829.

*Goldbestickte Uniform*

*68 kg schwere Trommeln aus reinem Silber*

*Das königliche Wappen (mit Löwe und Einhorn) ist mit Gold- und Silberfäden auf das damastseidene Trommelbanner gestickt.*

*Ein Paar der goldbelegten Zügel führt zu den Steigbügeln, ein zweites zur Taille des Reiters.*

*Die Schmuckquaste am Zaum besteht aus echtem schwarzen und rot gefärbten Pferdehaar.*

**TROMMELPFERD**
Heute finden solche Pferde nur noch bei prunkvollen Paraden Verwendung. Doch ehe es Panzer und Flugzeuge gab, waren Trommeln und Trompetensignale zum Anfeuern der Truppen wichtig. Diese Trommeln schenkte König Wilhelm IV. von Großbritannien und Hannover 1830 dem Leibwachenregiment seiner Hausreiterei.

Ein 15-jähriger Clydesdale-Rappschimmel trägt zwei Silbertrommeln und einen Reiter der Hausreiterei Ihrer Majestät Königin Elisabeth II. von England.

**RITTER VON DER TRAURIGEN GESTALT**
1605 schuf der spanische Dichter Miguel Cervantes (1547–1616) seinen tragikomischen Helden Don Quichote. Mit seiner Stute Rosinante und in Begleitung seines Freundes Sancho Panza (der einen Esel ritt) erlebte Don Quichote die seltsamsten Abenteuer. Das berühmteste ist der Kampf gegen Riesen, die in Wahrheit Windmühlen waren.

**AUF IN DEN KAMPF**
Der Kampf der Leichten Kavallerie war die verlustreichste Schlacht des Krimkrieges (1853–1856), in dem Russland gegen Großbritannien, die Türkei, Frankreich und Sardinien kämpfte. Damals starben auf der Halbinsel im Schwarzen Meer viele Reiter und Pferde beider Kriegsparteien.

Die ersten Krankenwagen wurden wie dieser aus dem Ersten Weltkrieg von Pferden oder Mulis gezogen.

**TIBETISCHER KRIEGER**
Jahrhundertelang benutzte die tibetische Kavallerie eine Rüstung aus schmalen Metallplättchen, die auf Lederbänder genäht waren. Einen ähnlichen Schutz trugen auch die Mongolen, als sie Asien und Osteuropa eroberten (S. 32–33). In Tibet verwendete man solche Rüstungen noch im 20. Jh.

Tibetische Rüstung für Pferd und Reiter (17.–19. Jh.)

**AUSTRALISCHE ARTILLERIE**
Das Waler (New South Wales Horse) ist die älteste Pferderasse Australiens. Im Ersten Weltkrieg wurden über 120 000 Exemplare von Australien an die alliierten Truppen in Indien, Afrika und Europa geschickt. Die australische Armee behielt ihre schweren, ausdauernden, nervenstarken Waler bis 1940.

Britischer Kavalleriesporn aus Neusilber (19. Jh.)

**STEIGBÜGEL**
Die bedeutendste Erfindung für die Verwendung von Pferden im Krieg war der Steigbügel. Durch ihn konnten sich die Reiter auch schwer bewaffnet im Sattel halten (britischer Kavallerie-Bügel aus Messing, 18. Jh.).

**NACHSCHUB**
Proviant, Wasser und Waffen wurden von Pferden und Maultieren an die Front geschafft.

Wasserwagen aus dem Ersten Weltkrieg, hergestellt in England, eingesetzt in Frankreich

**GHANAISCHER KRIEGER**
Dieses Messingmodell eines Kriegers zu Pferde wurde im 18. Jh. im westafrikanischen Ghana gegossen.

# Zur Ritterzeit

**SAMURAI**
Dieses Bild zeigt einen Samurai, einen Angehörigen der japanischen Kriegerkaste aus dem 12. Jh. Die Samurai hatten einen strengen Ehrenkodex und waren ihrem Feudalherrn treu ergeben.

Im 11. und 12. Jahrhundert bestimmte das Feudalsystem die politische Landschaft Europas. Oberster Feudalherr war der König, d. h. ihm gehörte das meiste Land, das er als Lehen an Vasallen vergab. Die Ritter dienten am Hof des Königs oder leisteten Kriegsdienst zu Pferde. Viele waren auch Feudalherren, die nicht nur Land, sondern auch Leibeigene besaßen, die vollkommen von ihnen abhängig waren. Ein strenger Ehrenkodex bestimmte das Leben der christlichen Ritter: Ein guter Ritter war tapfer, galant und ehrenhaft und verschrieb sich ganz dem Krieg gegen Nichtchristen. Um 1200 begannen bewaffnete Ritter neues Land im Osten zu erobern. Auch bei den Kreuzzügen ging es um Landbesitz. Aufgrund der christlichen Ritterehre konnten sich Könige wie Richard Löwenherz darauf verlassen, dass ihre Rittergefolgschaft bis zum letzten Blutstropfen kämpfte, um Jerusalem von den Muslimen zu befreien.

Messingnachbildung eines mittelalterlichen Spornrads (15. Jh.). Der Sporn war so lang, damit er unter den Rossharnisch reichte.

**KAMPFSPIELE**
In Turnieren übten sich die Ritter im Kampf zu Pferde. Entstanden ist diese Form des ritterlichen Zweikampfs in Frankreich. Im 12. Jh. verwandte man dazu scharfe Kriegswaffen. Bald aber wurden diese in den Turnierbüchern verboten und man benutzte das „Stechzeug“ mit stumpfen Schwertern und Lanzen. Bis ins 17. Jh. zogen die farbenprächtigen Turniere viele Zuschauer an und galten als große sportliche und gesellschaftliche Ereignisse.

Ein Zweikampf-Turnier (Tjost): Rekonstruktion nach Vorlagen aus dem 14. Jh.

**KOPFSCHUTZ**
Diese türkische Rossstirn aus dem 16. Jh. besteht aus vergoldetem Kupfer. Sie war Teil eines Standbilds zu Ehren des Osmanischen Reichs (spätes 13.–frühes 20. Jh.) in der Innenkirche in Istanbul.

**KÖNIGLICHE RÜSTUNG**
König Heinrich VIII. von England erließ Gesetze, die die Zucht größerer Pferde begünstigten. Zu seiner Regierungszeit (1509–1547) wurden im Krieg schon Kanonen eingesetzt, gegen die auch keine schwere Rüstung half. Doch bei Paraden trug des Königs Pferd diesen Harnisch.

Dieser mit Reliefs und Gravuren verzierte und versilberte Rossharnisch, ein Geschenk des deutschen Kaisers Maximilian I. an Heinrich VIII. von England, wurde um 1515 von Heinrichs flämischem Waffenschmied hergestellt.

Bronzener Augenschutz für Pferde (England, 1. Jh. n. Chr.)

**TURNIERSATTEL**
Dieser Holzsattel aus Deutschland (um 1500) fand in Schaukämpfen mit stumpfen Lanzen Verwendung. Die beiden Bögen lagen an den Hüften des Ritters an und hielten ihn fest im Sattel. Die Turnierpferde trugen eine Rossstirn, die auch die Augen bedeckte, damit sie nicht in Panik gerieten.

**LÖWENHERZ**
Richard Löwenherz (1157–1199) wurde 1189 König von England. Von 1190–1192 nahm er am 3. Kreuzzug teil. Auf dem Rückweg geriet er in Gefangenschaft Kaiser Heinrichs VI. und musste sich mit hohem Lösegeld und einem Lehnseid freikaufen.

**FUSSANGELN**
Vierstachlige Fußeisen (England, 1.–2. Jh.) verletzten feindliche Pferde und hielten so die gegnerische Kavallerie auf.

# Reisen zu Pferde

Schon vor über 6000 Jahren trugen und zogen Pferde, Esel und Maultiere Menschen und Güter von einem Ort zum anderen. Die ersten Geschirre und Wagen bestanden nur aus Holz, Knochen und Leder. Vor etwa 3500 Jahren aber begann man Kupfer und Bronze zu verarbeiten, später, vor etwa 2000 Jahren, auch Eisen. Die Verwendung von Metall für Zügelringe, Gebisse, Reifen, Achsen und Naben beschleunigte und verbesserte den Transport mit Wagen in trockenen Gegenden. Im regnerischen Nordeuropa aber blieben Packpferde das bessere Transportmittel, vor allem im Winter. Erst als feste Straßen gebaut wurden (von den Römern und dann erst wieder im Mittelalter, 1100–1500), setzten sich auch hier Pferdewagen durch.

**KÖNIGLICHE KUTSCHE**
Dieses Foto zeigt einen Nachbau der Kutsche von Königin Elisabeth I. von England (1553–1603) mit einklappbarer Treppe und regensicherem Dach. Ehe diese Kutsche gebaut war, musste auch die Königin in einfachen, offenen Wagen fahren.

**STRASSENRÄUBER**
Die Schnelligkeit der Stute Black Bess rettete den legendären englischen Straßenräuber Dick Turpin (1706–1739) oft vor dem Gefängnis.

**PROTESTRITT**
Nach einer Legende aus dem 11. Jh. ritt Lady Godiva aus Protest gegen die von ihrem Mann erlassenen hohen Steuern nackt durch Coventry.

**FEDERSCHMUCK**
Die Pferde der nordamerikanischen Indianer waren besonders ausdauernde Tiere. Auf ihnen ritten die Indianer in den Krieg und auf die Jagd. Wie sich selbst putzten die Indianer auch ihre Pferde mit farbenprächtigem Federschmuck heraus.

**ZIGEUNERWAGEN**
Jahrhundertelang zogen die Roma mit solchen Wagen durch Europa. Woher sie kamen, weiß niemand. Möglicherweise stammen sie aus Indien. Zigeuner benutzen heute kaum noch Pferdewagen, Irlandtouristen aber umso lieber.

**LASTTIER**
Dieses Steinrelief zeigt, dass die Assyrer vor 2600 Jahren ihre Jagdausrüstung auf kräftigen Maultieren transportierten.

**SCHUTZHEILIGER**
Der Schutzpatron der Reisenden ist der heilige Christopherus (3. Jh.). Christopherus-Plaketten gelten seit Langem als Glücksbringer, heute auch beim Autofahren.

**PILGERREISE**
Pilger auf dem Weg zur Kathedrale von Canterbury wurden von Geoffrey Chaucer (um 1345–1400) in seinen legendären *Canterbury-Geschichten* verewigt.

Bronzestatuette eines Reiters mit Pferd (Nigeria, 18. Jh.)

*Segeltuchgedecktes, tonnenförmiges Dach*

*Deichselarm*

*Weiß gefesselte Beine*

Ein neunjähriges Irisches Zugpferd in traditionellem Romageschirr zieht einen um 1850 in Irland gebauten Zigeunerwagen.

# Pferdewagen

Pferdeschlitten mit fellbezogenen Sitzen für Passagiere und Kutscher (Niederlande, um 1880)

Die ersten Streitwagen hatten massive Holzräder und eine starre Achse. Die Erfindung der leichten Speichenräder machte die Wagen leichter. Vierrädrige Reisewagen kamen erst in der Römerzeit auf. Eine wesentliche Verbesserung stellte die bewegliche Vorderachse dar, die im späten Mittelalter erfunden wurde. Wie heute Menschen ihre soziale Stellung durch die Anschaffung teurer Autos zeigen, geschah dies in früheren Zeiten mit Pferden und Wagen: Die Kutschen und Gespanne waren Statussymbole. Die Armen konnten sich nur einfache Karren leisten oder sie fuhren mit Pferdeomnibussen. Die Reichen dagegen besaßen komfortable, prunkvolle Kutschen, die von herrlich geschmückten edlen Pferden gezogen wurden. Die Pflege von Pferden, Geschirr und Wagen war eine aufwendige Sache. Die Pferde brauchten Futter und mussten beschlagen werden (das Hufschmiedehandwerk florierte), die Räder mussten instand gehalten werden (das machte der Stellmacher) und die Kutschen sauber und trocken gehalten werden.

Bronzemodell eines zweirädrigen Pferdewagens (China, Han-Dynastie, 2. Jh. n. Chr.)

Teure, elegante Kutsche mit prächtig herausgeputztem Zweiergespann

**WILDER WESTEN**
Die ersten Europäer in Amerika, die mit Postkutschen über Land reisten, wurden oft von berittenen und bewaffneten Indianern angegriffen wie auf diesem Bild des amerikanischen Malers George Inness (1854–1926).

Auf diesem überfüllten Pferdebus findet nur noch einer Platz.

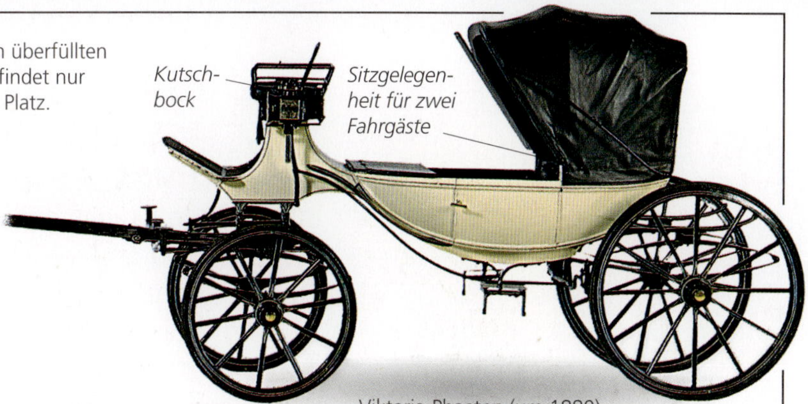


Viktoria-Phaeton (um 1880)

**WELLS FARGO**
1852 gründeten die Amerikaner Henry Wells und William Fargo in San Francisco eine Firma, die Bank- und Transportverbindungen zwischen dem kalifornischen Westen und dem Rest des Landes anbot. Die berühmten Wells-Fargo-Postkutschen transportierten Fahrgäste, Post, Geld und andere Wertsachen.

Vier Welsh Cobs ziehen eine Wells-Fargo-Kutsche (USA, Ende 19. Jh.).

Jagdwagen mit Kutschbock und Stehplätzen für 12 Jagdgäste (England, um 1880)

# Kaltblüter

Das Zeitalter des Pferds in Asien und Europa dauerte von der Zeit der Griechen und Römer bis ins 19. Jahrhundert. Bevor sie von der Dampfmaschine abgelöst wurden, waren Pferde, Esel und Maultiere nicht nur die wichtigsten Transportmittel, sondern auch unentbehrlich für die Land- und Forstwirtschaft. Sie schleiften Stämme, zogen Bierwagen und Pflüge, droschen Getreide und bewegten Wasserschöpfwerke. Im Mittelmeerraum sowie im Nahen und Mittleren Osten führten Esel (S. 24–25) diese Arbeiten aus, in Nord- und Mitteleuropa brauchte man kräftige Pferde, die die schweren Lehmböden pflügen und Güterwagen über schlammige Wege ziehen konnten. Heute werden Kaltblüter aus Europa in alle Welt exportiert – in die USA, nach Kanada, Australien und sogar nach Japan.

**HEUERNTE IN IRLAND**
Manche Bauern in Irland arbeiten noch heute mit Pferd oder Esel. Hier wird ein Wagen mit Heu beladen, das den Tieren als Winterfutter dienen soll.

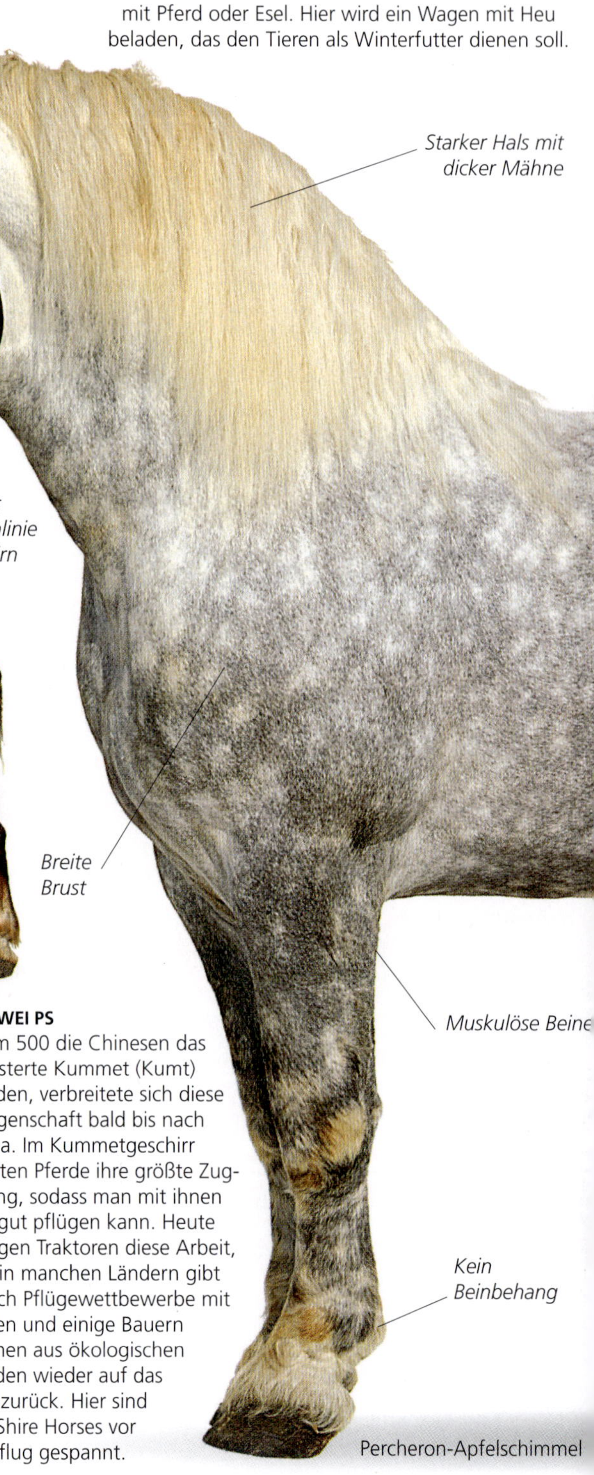


Percheron-Apfelschimmel

**BELGISCHER SCHWERATHLET**
Der Belgier (Brabanter) ist eine sehr alte und sehr schwere Rasse. Heute wird er noch immer als Ackergaul, v. a. aber als Brauereipferd eingesetzt.

Belgier-Fuchs

**MIT ZWEI PS**
Als um 500 die Chinesen das gepolsterte Kummet (Kumt) erfanden, verbreitete sich diese Errungenschaft bald bis nach Europa. Im Kummetgeschirr entfalten Pferde ihre größte Zugleistung, sodass man mit ihnen auch gut pflügen kann. Heute erledigen Traktoren diese Arbeit, doch in manchen Ländern gibt es noch Pflügewettbewerbe mit Pferden und einige Bauern kommen aus ökologischen Gründen wieder auf das Pferd zurück. Hier sind zwei Shire Horses vor den Pflug gespannt.

**BERGSTEIGER**
Haflinger stehen zwischen Warmblut und Ponys. Die muskulösen Kleinpferde erklimmen trittsicher die steilsten Pfade. Diese etwas größere italienische Haflingerzüchtung nennt man Aveligneser.

Aveligneser-Fuchs

**BRAUEREIGÄULE**
Seit etwa 1800 spielte das Pferd eine zunehmend wichtige Rolle für Brauereien. Selbst die kleinsten Brauereien hatten eigene Pferde und Wagen und beschäftigten Hufschmiede und Stellmacher. Nicht nur zum Ziehen der Brauereiwagen, auch zum Antreiben der Malzmühlen und Wasserpumpen wurden Pferde eingesetzt.

Boulonnais-Grauschimmel

Suffolk-Fuchs

**FRANZÖSISCHER KRAFTPROTZ**
Wahrscheinlich wurden schon zu Julius Cäsars Zeiten orientalische Pferde mit französischen Landpferden gekreuzt, mit Sicherheit aber im Mittelalter. So entstand der Boulonnais, ein sehr edles Kaltblut (Stockmaß 160–170 cm).

**GENÜGSAMER RIESE**
Das Suffolk (Suffolk Horse, Suffolk Punch) wird seit dem späten 18. Jh. in der Grafschaft Suffolk im Osten Englands gezüchtet. Suffolks sind sehr gutmütig und ausdauernd, dabei brauchen sie weniger Futter als die meisten anderen Kaltblüter. Es gibt fast nur Füchse.

**NEUE AUSSAAT**
Jahrhundertelang spannte man Pferde vor Pflug und Egge wie auf diesem flämischen Bild aus dem 16. Jh.

**XPORTSCHLAGER**
)er Percheron aus Nordfrankreich ist ine der am weiesten verbreiteten Pferderassen. In einer Ahnenschaft inden sich Araberengste, die den ercheron trotz einer Größe zu inem eleganten ferd machen.

**IM TIEFEN WALD**
Wie diese Shire Horses wurden überall in Europa Kaltblüter zum Abtransport gefällter Bäume aus dem Wald eingesetzt.

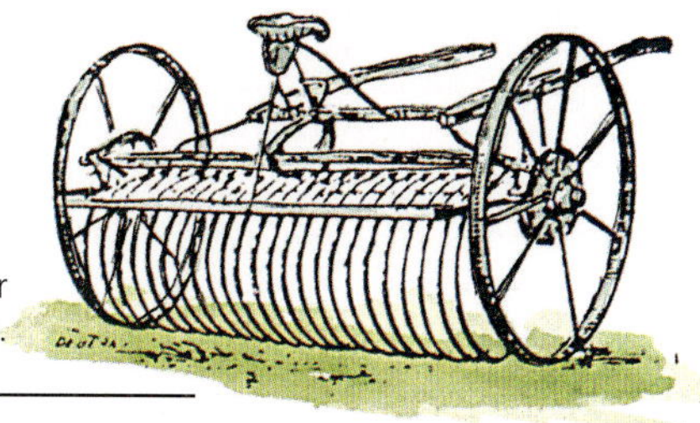
Auch solche Heuwender wurden von Pferden gezogen.

# Der Hafermotor

Ohne Pferde wäre die industrielle Revolution (Ende 18. und 19. Jahrhundert) nicht möglich gewesen. Pferdefuhrwerke transportierten die fertigen Güter zu den Schiffen, die sie in ferne Länder brachten. Auch in den Fabriken wurden Pferde eingesetzt. Sie trieben die Maschinen an, mit denen man in Brauereien Malz und in Mühlen Getreide zu Mehl mahlte, ebenso Spinnmaschinen und Hochofengebläse. Ponys zogen mit Kohle oder Erz beladene Loren aus den Bergwerksstollen und Schlepper auf Kanälen, denen sie auf Treidelpfaden voranliefen. Auch Busse, Feuerwehrwagen und Güterwaggons wurden von Pferden gezogen. Heute ist das Pferd fast überall durch motorisierte Maschinen ersetzt worden. Doch die Kraft der Pferde findet sich noch heute in den Leistungsangaben von Motoren: Die Motorleistung eines Autos wird u. a. in PS, „Pferdestärken", angegeben (1 PS = 736 Watt).

**ÖFFENTLICHER NAHVERKEHR**
1564 fuhren in England die ersten öffentlichen Pferdebusse. Doch sehr weit und bequem konnte man auf den schlechten Straßen nicht fahren.

**SCHNEETAUGLICH**
Bei hohem Schnee braucht man trittsichere Pferde mit breiten Hufen wie diese Haflinger, um Stämme aus dem Wald zu schleifen oder Schlitten mit Gütern oder Personen sicher ans Ziel zu bringen.

Schwer beladener Kohlewagen (England, 1920)

Feuerwehrwagen (England, 1890). Der weite Radabstand erlaubte schnelles Kurvenfahren, ohne dass dabei Wasser verschüttet wurde.

**ENTDECKUNGSFAHRT**
Pferdegespanne zogen hölzerne Wagen mit Versorgungsgütern ins Innere Australiens. Die Sicherheit der Wagen hing davon ab, wie gut die Räder waren.

**IMMER IM KREIS**
Göpelpferde müssen zum Antreiben des schweren Rads immer im Kreis herumgehen.

Dieses Shire Horse ist in einen Göpel (Rosswerk) gespannt, mit dem eine Mühle angetrieben wird. Der Rundganggöpel befindet sich meist in einem runden Bauwerk, der Göpelscheune.

**TREIDELN**
Schon im alten Rom zogen Treidelpferde und -maultiere Getreideschiffe den Tiber flussaufwärts. In Holland werden an manchen Kanälen noch heute Treidelpferde eingesetzt.

**AUFREIBENDE ARBEIT**
Seit der Römerzeit spannte man Esel, Maultiere und Pferde in Göpel. Die Rosswerke trieben Mühlen, Dreschmaschinen oder Schöpfwerke an. Dabei mussten die Tiere immer stumpfsinnig im Kreis herumgehen. Manchmal wurden auch zwei Pferde eingespannt, die für die Arbeit abgerichtet sein mussten, damit sie nicht aus der Bahn gerieten. Oft verband man den Tieren die Augen, damit sie nicht scheuten.

# Leichte Kutschpferde

Für schwere Zugarbeit benötigte man schwere Kaltblüter. Die meisten Kutsch- und Packpferde sind dagegen Warmblüter oder Halbblüter (S. 38). Bis zur Erfindung der Dampfmaschine in den 1820er-Jahren waren sie die „Motoren" der Verkehrsmittel. Vor allem für den Verkehr über Land brauchte man schnelle, ausdauernde Pferde. Nicht immer waren es reinrassige Tiere, die zu solchen Arbeiten herangezogen wurden, aber einige leichte Zugpferde wie der Cleveland Bay blicken auf eine lange Geschichte zurück. Der Name Cleveland Bay ist noch recht jung. Früher nannte man dieses Pferd Packpferd oder Chapman Horse, da es das typische Pferd des „fliegenden Händlers" (engl. *chapman*) war.

Einspänniger Hansom (zweirädrige Droschke) für zwei Fahrgäste (um 1850)

**GUTER ÜBERBLICK**
Die speziell geschulten Pferde der berittenen Polizei sind auch heute noch wichtig, wenn Polizisten in einer großen Menschenmenge den Überblick behalten wollen.

**PACKPFERD**
Das Pferd dieses Holzfällers in Guatemala ist mit Brettern beladen.

**TRAUERFALL**
Früher wurde bei Beerdigungen der Sarg in schwarzen Vitrinenwagen von zwei Rappen mit schwarzem Federschmuck zum Friedhof gefahren.

In diesem vergitterten Polizeiwagen wurden Gefangene transportiert (England, um 1890).

**SONNTAGMORGEN-SPAZIERFAHRT**
Diese Familie macht einen Ausflug mit ihrer Pferdekutsche (Druck der amerikanischen Lithografen Nathaniel Currier und James Ives, 19. Jh.).

Zwei Grauschimmel vor einem Phaeton (England, um 1840)

**STATUSSYMBOL**
Zu Beginn des 19. Jh. rasten halbstarke Edelmänner mit solchen leichten Wagen (Phaetons) durch englische Badestädte. Das Verdeck konnte zusammengefaltet werden wie bei heutigen Cabriolets.

Zwei Welsh Cobs in schwarz-silbernem Geschirr ziehen einen englischen Leichenwagen (um 1850).

Gummibereifter Milchwagen (England, um 1958)

# Das Pferd in Nordamerika

Die Urpferde Nordamerikas starben vor etwa 10 000 Jahren aus. Erst 9500 Jahre später kamen mit Christoph Kolumbus wieder Pferde in die Neue Welt. Seit damals gilt das Pferd als Symbol der Freiheit und des Pioniergeists. Die Zahl der Pferde konnte bald mit der der Menschen mithalten. Es gab riesige verwilderte Herden und fast jeder Amerikaner hatte ein Pferd. Es zog oder trug schwere Lasten durch die sengende Hitze der Wüsten, es arbeitete in Bergwerken und auf schlammigen Straßen. Auch das Leben der amerikanischen Ureinwohner veränderte sich durch das Pferd. Früher hatten die Indianer ihre Habseligkeiten mit Hundeschlitten oder auf dem eigenen Rücken transportiert. Mit Pferden ging das nun schneller und bequemer. Außerdem ließen sich zu Pferde auch die Büffel viel besser jagen.

**BUFFALO BILL**
Am 4. Juli 1882 veranstaltete der ehemalige Büffeljäger und Pony-Express-Reiter Buffalo Bill Cody (1846–1917) die erste Wild-West-Schau mit Reit- und Schießwettbewerben und Broncoreiten.

**EINFACHES LEBEN**
Die Amish siedelten zu Beginn des 18. Jh. in Pennsylvania (USA). Sie entwickelten den Conestoga, einen geschlossenen Wagen, den auch viele andere Siedler benutzten. Die Amish reisen und arbeiten heute wie vor 300 Jahren mit Pferden.

**MUSIKPARADE**
Die berittene Polizei Kanadas (gegründet 1873) ist weltweit bekannt für ihre farbenprächtigen Musikparaden: rote Uniformen, schwarze Pferde, bunte Fahnen.

Cowgirl in typischer Westernkleidung auf einem 14-jährigen Schecken

**WILDER WESTEN**
Nicht nur Männer machten Wildwestgeschichte. Es gab auch berühmte Frauen wie Calamity Jane, Annie Oakley oder Belle Starr. Die Bösewichte des Wilden Westens wie Frank und Jesse James, die Dalton Bande, Billy the Kid und Flo Quick wurden von Gesetzesvertretern wie Wyatt Earp und Wild Bill Hickok gejagt – und alles spielte sich zu Pferde ab.

Der Appaloosa mit seiner charakteristischen Scheckenzeichnung (S. 40–41) war ein beliebtes Reittier der Indianer.

**WILDES RENNEN**
Jedes Jahr im Juli findet im kanadischen Calgary die Calgary Stampede statt. Bei diesem Rodeo jagen u. a. Teams aus zweispännigen Planwagen und vier berittenen Begleitern über die Rennbahn.

**RODEOHELDEN**
Wichtigster Bestandteil von Rodeos ist das Broncoreiten. Broncos sind halb wilde, ungerittene Pferde. Sie bocken beim Aufsitzen. Um das Bocken zu verstärken, schnallt man ihnen vor den Hinterbeinen einen engen Lederriemen um den Leib. Der Reiter, der sich länger als zehn Sekunden auf dem Pferd halten kann, ist ein gefeierter Held. Entstanden ist dieser Sport aus der Arbeit der Cowboys, die auch Pferde zureiten mussten. In vielen Wildwestfilmen kommen solche Rodeoeinlagen vor.

Cowboy auf einem Palomino

**BÜFFELJAGD**
Auf diesem Bild des amerikanischen Malers George Catlin (1796–1872) sieht man Indianer auf ihren Pferden bei der Büffeljagd. Die europäischen Siedler haben die Büffel durch intensive Bejagung fast ausgerottet.

**REVERES RITT**
Paul Revere (1737–1818) warnte in der Nacht des 18. April 1775 die Siedler in Massachusetts vor den aus Boston herannahenden englischen Truppen – auf einem geliehenen Pferd.

**VERFOLGUNGSJAGD**
Die Soldaten der Kavallerie saßen oft stundenlang im Sattel. Sie brauchten daher ausdauernde Pferde. Dieses Bild des Amerikaners Frederic Remington (1861–1909) zeigt die US-Kavallerie bei einer Verfolgungsjagd.

# Pferdesport

„… Die aber durchmaßen schnell die Ebene … Und die Mähnen flogen mit dem Hauch des Windes." So beschreibt der griechische Dichter Homer in seiner *Ilias* (8. Jh. v. Chr.) ein Wagenrennen, das fünf griechische Helden auf der Ebene vor Troja zu Ehren des im Trojanischen Krieg gefallenen Patroklos veranstalteten. Im 7. Jh. v. Chr. waren Wagenrennen auch Bestandteil der Olympischen Spiele. Die Römer bauten später eigene Rennbahnen wie den *Circus maximus* für solche Veranstaltungen. Nach dem Untergang des Römischen Reiches spielte Pferdesport lange Zeit keine große Rolle. Erst im 11. Jahrhundert gab es in England die ersten Flachrennen. In der Renaissance entstanden Reitschulen, in denen Dressurreiten gelehrt wurde. 1750 wurde in England der erste Jockeyclub gegründet, 1775 kamen in Russland Trabrennen auf. Heute sind die verschiedenen Pferdesportarten beliebter denn je und man investiert viel Geld in die Zucht von Rennpferden.

Georges Seurat (1859–1891), *Zirkuspferd*

Jedes Jahr findet im toskanischen Siena das spannende Palio-Rennen statt.

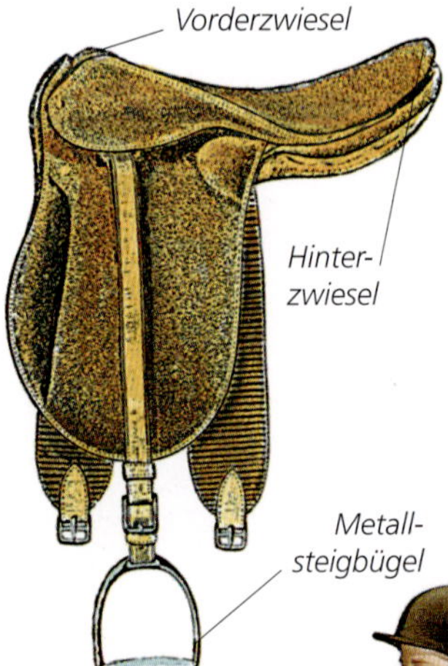


Bei diesem weichen englischen Herrensattel sind Vorder- und Hinterzwiesel sehr flach.

Der Sage nach begründete Pelops (hier in einem vierspännigen Streitwagen) 1222 v. Chr. die Olympischen Spiele zu Ehren des Zeus.

Siebenjähriger mittelschwerer Irish-Hunter-Apfelschimmel (Vater Englischer Vollbluthengst, Mutter Irisches Zugpferd)

**BIS ZUM NÄCHSTEN KIRCHTURM**
Das erste Steeplechase-Rennen fand 1752 quer über die Felder von einem Dorf zum nächsten über Tore, Hecken und andere natürliche Hindernisse statt.

**ÜBER DIE HÜRDE**
In freier Wildbahn springen Pferde über Hindernisse, wenn sie auf der Flucht sind. Doch ein Hauspferd mit Reiter auf dem Rücken springt selten freiwillig. Ein Springpferd auszubilden und zu reiten, erfordert daher viel Zeit und Mühe – und ein springfreudiges Pferd.

**SPRINGKURS FÜR ANFÄNGER**
Junge Pferde und Reiter trainieren mit niedrigen Hindernissen wie dieser einfachen Stangenhürde.

**SPRUNG INS KALTE WASSER**
Die dreitägige Vielseitigkeitsprüfung (Military) umfasst Dressur, Geländeritt und Springen auf dem Parcours. Zur Geländeprüfung gehört auch der Sprung ins Wasser. Die Vielseitigkeitsprüfung stellt hohe Anforderungen an Ausdauer, Schnelligkeit und Gehorsam, des Pferds – und an die Fähigkeiten seines Reiters.

Damensättel wurden vor etwa 600 Jahren für die adligen Frauen entwickelt. Doch noch im 19. Jh. ritten englische Damen so auf die Jagd.

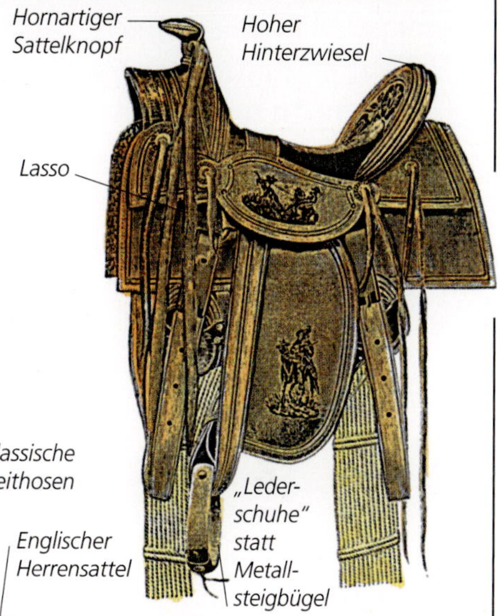


Westernsättel (Cowboysättel) sind an Vorder- und Hinterseite weit hochgezogen. Das Horn am Vorderzwiesel dient zum Einhängen des Lassos.

**SPIEL DER KAISER UND KÖNIGE**
In China kannte man Polo schon vor 2500 Jahren. Heute ist es v. a. in Argentinien, den USA, Australien und Großbritannien beliebt. Zwei Teams mit je vier Spielern versuchen den Ball mit langen Schlägern ins gegnerische Tor zu treiben. Ein Spiel besteht aus acht „Chukkers" zu je 7,5 Minuten. (Seidendruck, 17. Jh.)

**OHNE HINDERNISSE**
Flachrennen sind Galopprennen ohne Hindernisse. Sie führen über Distanzen zwischen 1000 und 4800 m. Das bekannteste Flachrennen ist das Derby. Es ist heute eine der bedeutendsten Zuchtrennen für englische Vollblüter.

# Rennen und Dressur

Im Arbeitsleben ist das Pferd weitgehend durch Maschinen ersetzt worden. Dafür spielt es eine zunehmend größere Rolle in Sport und Freizeit. Springturniere und Pferderennen finden immer viele Zuschauer, sei es im Stadion oder vor dem Fernseher. Rennpferde, Springpferde, Dressur- und Militarypferde müssen täglich hart trainiert und motiviert werden, um die erwarteten Leistungen zu erbringen. Beim Rennen nutzt man den Herdendrang der Pferde aus. Sie laufen mit anderen mit oder hinter ihnen her. Die Jagd zu Pferde ist der wohl älteste Sport. Im Altertum jagten die Fürsten und Könige hoch zu Ross sogar Löwen. Die Parforcejagd auf lebendes Wild hinter einer Hundemeute her gibt es heute nur noch in wenigen Gegenden. Häufiger ist die Schleppjagd, eine Fuchsjagd ohne echte Füchse. Die Hunde folgen einer vorher gelegten Fährte. Bei der Hubertusjagd braucht man nicht einmal mehr Hunde: Der Fuchs ist ein besonders guter Reiter, den es zu fangen gilt. Beliebt ist ebenfalls das Pony-Trekking, ein Sport auch für Kinder.

**AN DEN START**
Flachrennen finden heute in aller Welt statt. Bekannt sind neben dem englischen Derby das amerikanische Belmont Stakes und Australiens Melbourne Cup. Auf diesem Gemälde des französischen Impressionisten Edgar Degas (1834–1917) warten Pferde und Jockeys in den Farben ihres Rennstalls auf ihren Aufruf an den Start zu gehen.

**DURCH WALD UND FLUR**
In aller Welt ist Pony-Trekking ein beliebter Freizeitsport für Jung und Alt. Hier reiten Kinder mit ihren Ponys durch einen seichten Bach in den australischen Alpen.

**TRAB ODER PASS**
Trabrennen sind heute in aller Welt beliebt. Für diesen Sport züchtet man spezielle Rassen, die meist nur traben, d. h. sie setzen die Beine diagonal auf (rechts vorn, links hinten und umgekehrt). Beim Amerikanischen Standardtraber aber gibt es eine zweite Zuchtrichtung, den Pacer (Passgänger), der jeweils zwei Beine einer Seite aufsetzt wie auf diesem Bild.

Dreijähriger American Standard Bred Pacer (Passgänger), Stockmaß 152 cm

**RITT ZUM FUJI**
Seit Jahrhunderten versuchen Reiter bei Pferderennen den jeweiligen Geschwindigkeitsrekord zu brechen. Auf diesem Druck des Japaners Katsushika Hokusai (1760–1849) reiten drei Männer um die Wette zum Fuß des Berges Fuji.

**DRESSURREITEN**
Beim Dressurreiten muss das Pferd dem Reiter unbedingten Gehorsam leisten. Im Wettkampf müssen Pferd und Reiter völlige Übereinstimmung zeigen. Die höchste Form des Dressurreitens ist die „Hohe Schule" mit schwierigen Figuren wie der hier gezeigten Piaffe, einem „versammelten" Trab auf der Stelle. Bei der Dressurprüfung geben die Richter für jede Lektion eine Note von 10 (sehr gut) bis 1 (sehr schlecht).

Heute wie vor Jahrhunderten werden die Bögen zum Spielen von Streichinstrumenten mit Rosshaar bespannt.

**FAHRPRÜFUNG BESTANDEN?**
Auf Pferdeausstellungen in aller Welt sind Fahrwettbewerbe sehr beliebt. 1970 veranstaltete man erstmalig dreitägige Fahrprüfungen (entsprechend der Militaryprüfung beim Reiten) mit Dressurprüfung am ersten, einem 27-km-Marathon am zweiten und einem Hindernislauf am dritten Tag.

**RÜCKKEHR DER JÄGER**
Die Jagd zu Pferde hat eine lange Geschichte. Schon die Assyrer jagten um 2500 v. Chr. hoch zu Ross Löwen und wilde Stiere. Später, wie auf diesem Bild aus einem flämischen Kalender aus dem 16. Jh., waren Rehe und Hirsche das wichtigste Jagdwild. Im 17. Jh. schließlich entstand in England die Fuchsjagd mit speziell dafür gezüchteten Jagdhunden.

# Gangarten

Man unterscheidet je nach Hufschlag drei verschiedene Takte: Beim Schritt hebt das Pferd nacheinander jedes Bein hoch und fußt wieder auf (Viertertakt). Beim Trab berühren jeweils die beiden schräg gegenüberliegenden Beine den Boden (Zweiertakt). Beim Galopp, der schnellsten Gangart, fußen jeweils zwei Beine einzeln, die beiden anderen gemeinsam auf. Neben diesen Grundgangarten gibt es noch den Passgang und den Tölt (langsamer Passgang), bei denen jeweils zwei Beine einer Seite aufgesetzt werden.

# Nützliche Ponys

Heute sind Ponys vor allem als Reittiere für Kinder beliebt. Früher jedoch wurden die kleinen Pferde in Nordeuropa als Arbeitstiere eingesetzt, als Packpferde und Ackergäule. Wenn sie zu alt für schwere Arbeit waren, gab man besonders gelehrige Tiere einem Kind, das so frühzeitig reiten und mit Pferden umgehen lernte. Heute ist Reiten eine Freizeitbeschäftigung. Gelegenheit dazu bieten Reitclubs, die auch Leihpferde bereitstellen. Pferdehalter wissen, dass Ponys relativ anspruchslos sind. Die meisten Ponyrassen stammen wie das Dartmoor-Pony oder das Fell-Pony aus Gegenden mit rauem Klima und können selbst im Winter draußen bleiben. Ponys, die bei Ausstellungen präsentiert werden sollen, brauchen mehr Pflege.

**DURCH WIND UND WETTER**
1860 wurde ein Kurierdienst 3300 km quer durch Nordamerika von Missouri bis nach Kalifornien eingerichtet. Die schnellen, ausdauernden Ponys und ihre Reiter waren oft Unwettern und Indianerangriffen ausgesetzt. Doch sie beförderten die Post innerhalb weniger Tage. Bald wurde der Kurierdienst von der Eisenbahn abgelöst, den Namen Pony-Express aber verbinden die Amerikaner bis heute mit Mut, Schnelligkeit und Zuverlässigkeit.

**KLEIN, ABER OHO**
Shetland-Ponys sind trotz ihrer geringen Größe sehr kräftig und können schwer beladene Wagen ziehen.

Ein Paar Shetland-Pony-Rappen ist vor einen Wagen mit Heu und einem Sack Futter gespannt.

**BEHINDERTENSPORT**
Auch für Behinderte gibt es heute die Möglichkeit zu reiten. Diese junge Reiterin lenkt das Pony mit den Beinen über Zügel, die an den Steigbügeln befestigt sind.

## Ponypflege

Die Versorgung eines Ponys ist eine verantwortungsvolle Aufgabe, denn das Wohlergehen des Pferds hängt ganz vom Pferdehalter ab. Das Pony braucht Futter, frisches Wasser, einen Stall, Auslauf, Bewegung und Gesellschaft. Es muss regelmäßig gestriegelt werden, damit sich keine Parasiten im Fell einnisten, und es braucht eine regelmäßige Hufpflege.

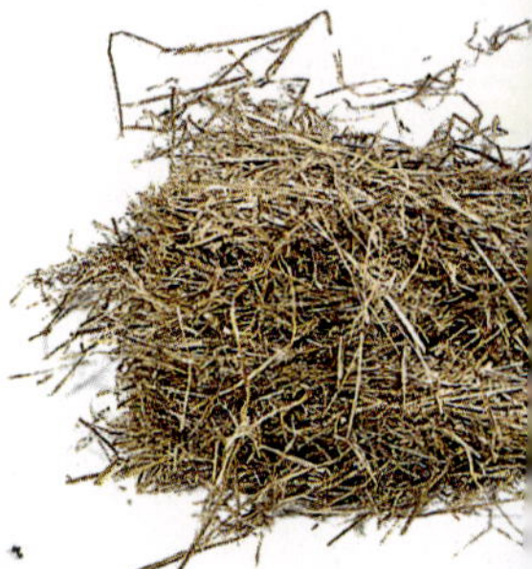

Stroh fürs Lager

Zuckerrübe (muss vor dem Füttern 24 Stunden eingeweicht werden)

Kraftfuttermischung aus Gerste, Hafer, Mais, Pferdebohnen und Melasse

Gerstenflocken

Das blau glasierte Tonspielzeug zeigt einen Jungen auf seinem Pony (Ägypten, um 200 n. Chr).

Pferdedecken aus z. B. Jute, Wolle oder Nylon halten das Pferd im Winter warm oder schützen es im Sommer vor Fliegen und Staub.

Dressur-peitsche

Longen-peitsche

Halfter zum Anbinden oder Führen des Pferds

**KARUSSELLPFERDE**

Ein Kinderkarussell darf auf keinem Jahrmarkt fehlen. Hier können Kinder sich auf bunten Karussellpferden, die oft Reitbewegungen nachahmen, im Kreis drehen.

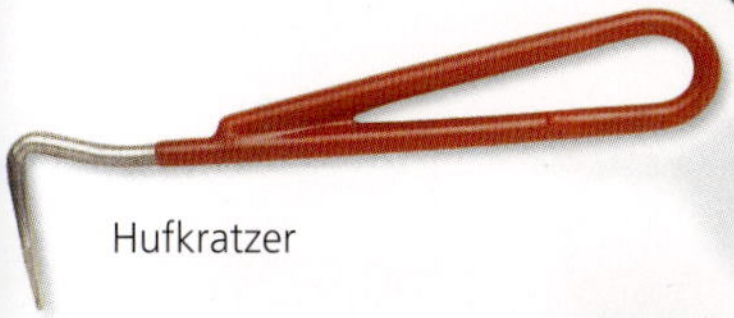

Hufkratzer

Huföl

Putz-Hand-schuh

Striegel

Mähnenkamm

Kardätsche (weiche Bürste für den Körper)

Heu (als Futter)

*Bergmanns-laterne*

In Kohlegruben arbeiteten früher auch Kinder und Ponys (hier ein Shetland-Pony).

**RUBENPONYS**

 den dunklen Stollen der Bergwerke wurden oft inde Ponys eingesetzt. In den Minen war es feucht, alt und dunkel – ein hartes Leben für die Menschen, äufig auch Kinder, und ihre Pferde. Grubenponys atten sogar ihre Ställe unter Tage, sodass sie in urzer Zeit erblindeten. Nur in den „Ferien" kamen e auf eine Weide.

Mistgabel zum Ausmisten des Pferdestalls

# Wusstest du das?

## Erstaunliche Fakten

Diese Pferdeherde hat vermutlich eine Chefin: die Leitstute.

Ein Pferd trinkt am Tag mindestens 25 l Wasser – ungefähr 13-mal so viel wie ein erwachsener Mensch.

Ein Kind braucht ungefähr ein Jahr, um stehen und gehen zu lernen. Ein Fohlen kann das schon ungefähr eine Stunde nach seiner Geburt. Diese Fähigkeiten sind lebenswichtig, um der Herde folgen zu können.

Eine Stute und ihr Fohlen

Damit Pferde schnell laufen können, müssen Lunge und Herz groß und kräftig sein. Das Herz eines Vollblüters wiegt bis zu 5 kg – etwa 16-mal so viel wie das bis zu 300 g schwere Herz eines erwachsenen Menschen.

Die größte Pferderasse ist das Shire Horse, doch das größte Pferd aller Zeiten war ein Percheron namens Dr. Le Gear mit beeindruckenden 213 cm Widerristhöhe.

Eine Pferdeherde wird gewöhnlich von einer Stute angeführt. Sie entscheidet, wann die Herde zu einer neuen Weide weiterzieht, und sorgt auch für Disziplin. Dies tut sie mit bestimmten Verhaltensmustern wie der Biss-Drohung (S. 13).

Die „Pferdestärke" (PS) ist eine international festgelegte Einheit der Zugkraft einer Maschine. Sie entspricht der Kraft, die nötig ist, um ein Gewicht von 75 kg innerhalb einer Sekunde 1 m hochzuheben. In Wirklichkeit aber sind Pferde 10–13-mal so stark und deshalb verfügt ein Pferd über mehr als 1 Pferdestärke.

„Einem geschenkten Gaul schaut man nicht ins Maul." Dieses Sprichwort bezieht sich darauf, dass man das Alter eines Pferds an seinen Zähnen ablesen kann. Je älter ein Pferd wird, desto abgenutzter und weiter vorstehend sind seine Schneidezähne. An diesen und anderen Merkmalen sehen erfahrene Pferdeleute, wie alt ein Pferd tatsächlich ist.

Lange Zeit wurde darüber diskutiert, ob Pferde im Galopp tatsächlich eine „Schwebephase" haben, in der kein Huf den Boden berührt. Der Nachweis gelang 1872 dem Fotografen Eadweard Muybridge. Er stellte 24 Kameras so auf, dass sie die Phasen des Galopps eines Pferds aufnahmen. Und tatsächlich berührte in einer Phase kein Huf den Boden.

Ein Esel trägt eine Ladung Heu.

Pferde werden als Reit- und Zugtiere geschätzt, Esel als Lasttiere. Weil Pferde nervöser sind, die ruhigen Esel dagegen sehr stur, kam man auf die Idee, die beiden miteinander zu kreuzen: Maulesel sind die Kinder eines Pferdehengsts und einer Eselstute, Maultiere die eines Eselhengsts und einer Pferdestute.

Um besser riechen zu können, „flehmt" dieses Pferd.

# Fragen und Antworten

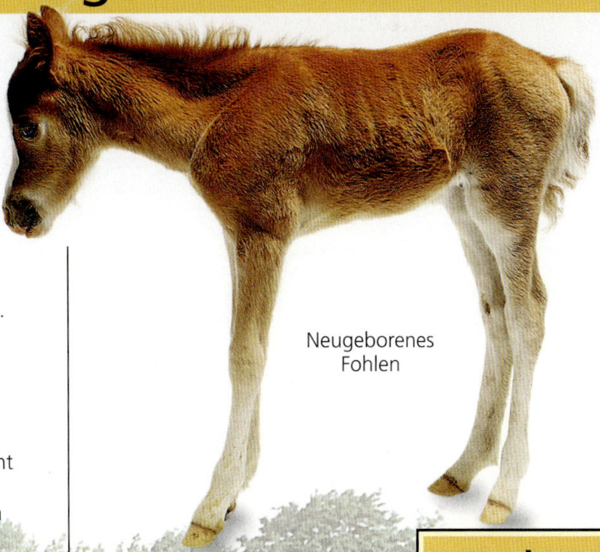

Neugeborenes Fohlen

**F** **Warum sehen neugeborene Fohlen so schlaksig aus?**

**A** Bei der Geburt haben die Beine eines Fohlens bereits 90 % ihrer endgültigen Länge. Der Körper dagegen ist noch sehr zierlich und klein. Weil ihr Hals noch zu kurz ist, müssen Fohlen zum Grasen anfangs die Vorderbeine spreizen.

**F** **Warum haben Pferde ihre Augen seitlich am Kopf?**

**A** Diese Position der Augen ermöglicht dem Pferd eine gute Rundumsicht, sodass es Gefahren rechtzeitig erkennen kann. Beim Grasen hat das Pferd so die gesamte Umgebung im Blick.

**F** **Warum wälzen sich Pferde?**

**A** Auf diese Weise können sie sich an Stellen scheuern, an denen sie sich nicht mit den Hufen kratzen können. Beim Wälzen hinterlässt ein Pferd am Boden seinen individuellen Geruch. Nachdem sich mehrere Pferde gewälzt haben, nimmt die Stelle einen Herdengeruch an, der den Zusammenhalt der Herde stärkt.

**F** **Wie schnell können Pferde laufen?**

**A** Der Rekord im Galopp liegt bei 69 km/h. Damit zählt das Pferd zu den zehn schnellsten Säugetieren der Welt, liegt aber um einiges hinter dem schnellsten: Der Gepard erreicht Spitzengeschwindigkeiten um 105 km/h.

Ein Pferd wälzt sich.

**F** **Warum laufen Pferde weg?**

**A** Angesichts einer Gefahr haben Pferde zwei Möglichkeiten: Sie können kämpfen oder weglaufen. Meistens entscheiden sie sich für Letzteres. In der Herde passt immer ein Pferd auf. Wenn es Gefahr vermutet, warnt es die anderen und die gesamte Herde flüchtet.

**F** **Wann fand das erste Pferderennen statt?**

**A** Die erste Erwähnung eines Rennens zwischen berittenen Pferden stammt von den antiken Olympischen Spielen des Jahres 624 v. Chr. Es ging über 1200 m und die Jockeys ritten ohne Sattel.

**F** **Warum können Pferde so unterschiedlich aussehen?**

**A** Durch Zuchtauswahl ließ der Mensch Pferderassen entstehen. Dazu wählte er Elterntiere mit bestimmten Eigenschaften aus, kreuzte bereits bestehende Rassen oder verpaarte sogar miteinander verwandte Pferde. Zuchtziel konnten Größe, Aussehen, Charakter, bestimmte Fellfarben oder Fähigkeiten sein. Dadurch gibt es heute sehr viele Rassen, die sich in Aussehen und Wesen oft stark voneinander unterscheiden.

**F** **Wie kam das Przewalski-Pferd zu seinem seltsamen Namen?**

**A** Es ist nach seinem Entdecker benannt. Nikolai Przewalski war ein Forschungsreisender des 19. Jh., der bis dahin unbekannte Gebiete im östlichen Zentralasien erkundete, darunter das Tienschan-Gebirge und den Baikalsee. Er interessierte sich sehr für die dort lebenden Tiere und legte eine große botanische und zoologische Sammlung an. Zu seinen zoologischen Entdeckungen zählen das Trampeltier und das Wildpferd, dem er in den 1870er-Jahren in der westlichen Mongolei begegnete.

## Rekordverdächtig

**HÖCHSTER SPRUNG**
Den höchsten Sprung über ein Hindernis vollbrachte der Chilene Capitano Alberto Larraguibel Morales 1949 mit Huaso: Sie bewältigten 2,47 m.

**GESCHWINDIGKEITSREKORD**
Der schnellste Sieger des Epsom Derby war der Hengst Lamtarra, der 1995 die 2,4 km lange Rennstrecke in nur 2 Minuten und 32,31 Sekunden zurücklegte.

**GRÖSSTE RASSE**
Die größte Pferderasse ist das Shire Horse. Es erreicht eine Widerristhöhe von bis zu 180 cm.

**KLEINSTE RASSE**
Die kleinste heute existierende Pferderasse ist das Falabella mit nur 76 cm Widerristhöhe. Trotzdem ist das Falabella kein Pony, sondern ein Pferd, denn es weist die Merkmale und Proportionen eines Pferds auf.

Shire Horse

Falabella

# Pferderassen

Weltweit gibt es mehr als 100 Pferderassen. Viele von ihnen wurden für besondere Verwendungszwecke gezüchtet, wie etwa als Reitpferde, als Arbeitspferde für die Landwirtschaft oder als Kutschpferde.

## Ponys

Bei jeder Rasse wird die durchschnittliche Widerristhöhe angegeben (siehe S. 7).

Stckm. 107 cm

**AMERICAN SHETLAND**
Dieses Pony stammt von den britischen Shetlandinseln. 1885 kam es in die USA und ist dort heute die beliebteste Ponyrasse.

Stckm. 102–122 cm

**KASPISCHES PONY**
Das Kaspische Pony ist die älteste gezüchtete Rasse der Welt und könnte der Vorfahre des Arabischen Vollbluts sein.

Stckm. 132–144 cm

**CONNEMARA**
Schnell, mutig und ein gutes Springpferd: Dieses aus Irland stammende Pony eignet sich hervorragend für Turniere.

Stckm. 135–148 cm

**HAFLINGER**
Das aus Hafling in Tirol stammende Kleinpferd ist immer isabell- bis fuchsfarben mit heller Mähne und Schweif.

Stckm. 135–148 cm

**FJORDPFERD ODER NORWEGER**
Das Fjordpferd aus Norwegen wird als Reitpferd, Zugpferd und vor dem Pflug eingesetzt. Die Mähne schneidet man meist kurz.

Stckm. bis 122 cm

**WELSH MOUNTAIN PONY**
Weil in den Bergen seiner Heimat Wales ein raues Klima herrscht, ist dieses Pony robust und genügsam.

## Reitpferde

Stckm. 144–155 cm

**APPALOOSA**
Viele Pferde dieser Rasse haben ein auffällig geflecktes Fell. Appaloosas stammen von den Pferden der spanischen Eroberer ab.

Stckm. 148–155 cm

**ARABISCHES VOLLBLUT**
Dies ist die am reinsten gezüchtete Rasse. Sie stammt von der Arabischen Halbinsel, auf der sie bereits um 2500 v. Chr. lebte.

Stckm. 145–155 cm

**BERBER**
Diese ebenfalls sehr alte Pferderasse stammt aus Marokko. Das Fell ist meist grau oder schwarz.

Stckm. 145–163 cm

**QUARTER HORSE**
Quarter Horses wurden von den europäischen Siedlern in Nordamerika als Arbeitspferde, als Reittiere und als Rennpferde gezüchtet.

Stckm. 155–175 cm

**CHEVAL DE SELLE FRANÇAIS**
Der Name bedeutet: Französisches Sattelpferd. Die für den Reitsport bestimmte Rasse wird für Springen und Trabrennen eingesetzt.

Stckm. 155–165 cm

**ENGLISCHES VOLLBLUT**
Diese Rasse gilt als schnellste und wertvollste. Ihr Einsatzgebiet ist der Galopprennsport.

## Kutschpferde

Stckm.
162–172 cm

**CLEVELAND BAY**
Diese Rasse aus dem Nordosten Englands war als Jagdpferd für schwerere Reiter und als Kutschpferd gedacht.

Stckm.
155–170 cm

**FRIESE**
Früher zogen die eleganten Rappen meist Leichenwagen. Heute sind sie als Reitpferde für die Barockdressur beliebt.

Stckm.
154–165 cm

**GELDERLÄNDER**
Das leichte Zugpferd aus den Niederlanden wird heute gern bei sportlichen Kutschenrennen eingesetzt.

Stckm.
143-154 cm

**HACKNEY**
Das britische Kutschpferd hat eine sogenannte hohe Aktion, also ausladende, elegante Bewegungen.

Stckm.
155–165 cm

**LIPIZZANER**
Die dunkel geborenen Pferde werden stets zu Schimmeln. In der Wiener Spanischen Hofreitschule glänzen sie in barocker Dressur.

Stckm.
150–165 cm

**STANDARDBRED**
Die schnellen Pferde werden gern bei Kutschenrennen eingesetzt. Sie bewältigen 1,5 km in nur knapp zwei Minuten.

## Zugpferde

Stckm.
152–162 cm

**ARDENNER**
Diese ursprünglich in den französischen und belgischen Ardennen gezüchtete Rasse ist die älteste europäische Kaltblutrasse.

Stckm.
165–172 cm

**BELGISCHES KALTBLUT**
Das für die Feldarbeit gezüchtete Pferd ist etwas kurzbeinig, wird aber wegen seiner Kraft sehr geschätzt.

Stckm.
163–193 cm

**CLYDESDALE**
Clydesdales stammen ursprünglich aus Schottland und zogen in Städten schwere Wagen u. a. von Brauereien.

Stckm.
150–180 cm

**PERCHERON**
Ein französisches Kaltblut, das nicht nur vor Pflug und Kutsche, sondern auch als Reitpferd und im Krieg gute Dienste leistete.

Stckm. ab 163 cm
bis über 2 m

**SHIRE HORSE**
Das Shire Horse aus den Grafschaften (*shires*) Mittelenglands ist die größte Pferderasse. Früher zog es auf dem Land Pflüge und andere landwirtschaftliche Maschinen und in der Stadt die schweren Bierwagen.

# Neugierig geworden?

Wenn du mehr mit Pferden zu tun haben willst, könntest du Spring- oder Dressurturniere oder andere Pferdesportwettbewerbe besuchen. Sie finden überwiegend im Frühjahr, Sommer und Herbst an vielen Orten statt, an denen es Reitvereine gibt. Interessant sind auch Pferdemessen und Landwirtschaftsausstellungen. Hier lernst du viele verschiedene Pferde- und Ponyrassen und ihre Einsatzgebiete kennen. Oder hast du vielleicht sogar Lust, selbst reiten zu lernen? Mithilfe der Gelben Seiten und des Internets findest du Reitschulen und Reitvereine in deiner Umgebung.

**SCHLEIFEN**
Mit bunten Schleifen werden die Gewinner von Turnieren ausgezeichnet. Gelb ist für den ersten Platz, grau für den zweiten, weiß für den dritten, blau für den vierten, rot für den fünften.

Bunte Schleife

*Beim Reiten musst du stets einen speziellen Reithelm tragen.*

**REITSPORTTURNIERE**
Es ist spannend, bei Turnieren und anderen Reitsportwettbewerben zuzusehen. Es gibt kleine ländliche Wettbewerbe, die von örtlichen Vereinen veranstaltet werden, aber auch große Turniere mit Teilnehmern aus vielen Ländern. Interessant sind auch Wettbewerbe im Fahrsport oder im Westernreiten.

**REITEN GEHEN**
Wenn du Lust hast, dich auf einen Pferderücken zu schwingen, solltest du dir eine gute Reitschule aussuchen. Zunächst brauchst du nicht viel Ausrüstung: Jeans und feste Schuhe genügen fürs Erste. Einen gut sitzenden, splitterfreien und TÜV-geprüften Helm solltest du dir aber auf jeden Fall zulegen.

*Wer viel reitet, für den lohnt sich die Anschaffung einer Reithose.*

**AUSRÜSTUNG**
Wenn du weißt, dass dir das Reiten Spaß macht und du dabeibleiben willst, könntest du dir vielleicht noch ein paar Reithandschuhe zulegen. Wer gern mit dem Pferd über Hindernisse springt, sollte sich auch eine Sicherheitsweste kaufen.

*Für das Abwerfen der Stange gibt es vier Strafpunkte.*

## INTERNETADRESSEN

- Internetseite mit einer umfangreichen Übersicht über alle Pferderassen. **www.ride4fun.de/pferderassen**
- Großes Pferdespezial mit vielen Bastelideen. **www.kidsweb.de/schule/kidsweb_spezial/pferde_spezial/pferde_spezial.html**
- Hier findest du interessante Informationen über Pferderassen und Themen rund um das Pferd. **www.medienwerkstatt-online.de/lws_wissen/index.php?level=2&kategorie_1=Tiere&kategorie_2=Pferde**
- Homepage der Deutschen Reiterlichen Vereinigung. **www.pferd-aktuell.de**

Pokal für einen Turniersieg

Zwei Camargue-Pferde

*Camargue-Pferde sind immer Schimmel. Sie werden dunkel geboren, bekommen aber mit der Zeit ein weißes Fell.*

**WILD LEBENDE PFERDE**
Nicht nur in den Prärien Nordamerikas, sondern auch in manchen Gegenden Europas gibt es wild lebende Pferde: In der Döberitzer Heide westlich von Berlin wurden Przewalski-Pferde ausgewildert, im Merfelder Bruch im Münsterland leben die Dülmener Wildpferde in freier Natur. In England kann man im New Forest, im Exmoor und im Dartmoor wild lebende Ponys beobachten. Berühmt sind auch die südfranzösischen Camargue-Pferde.

*Der Fliegenkopfschutz dämpft auch ablenkende Geräusche.*

Shire Horses vor dem Pflug

**PFERDERASSEN KENNENLERNEN**
Auf einer Pferde- und Reitsportmesse (siehe Kasten rechts) kannst du Pferde vieler Rassen sehen. Landwirtschaftsausstellungen bieten die Gelegenheit, die großen Kaltblutpferde in Aktion zu erleben. Dies kann man mitunter auch bei Festumzügen, bei denen Kaltblüter – wie z. B. bei der Eröffnung des Oktoberfests in München – die Wagen der Brauereien ziehen.

## Besuche doch mal ...

**DEUTSCHES PFERDEMUSEUM (VERDEN)**
Objekte und Texte informieren über die Evolution des Pferds, die Entwicklung der Pferderassen und das jahrtausendelange Zusammenleben von Mensch und Pferd.

In vielen Städten gibt es Pferderennbahnen, auf denen Galopp- oder Trabrennen veranstaltet werden. Einige der bekanntesten sind:

**GALOPPRENNBAHN HOPPEGARTEN IN BERLIN**
**GALOPPRENNBAHN VON BADEN-BADEN**
**TRABRENNBAHN IN MÜNCHEN-DAGLFING**
**TRABRENNBAHN IN BADEN BEI WIEN**

In **St. Moritz** findet alljährlich im Winter auf dem zugefrorenen See ein Galopprennen statt.

**AMERICANA AUGSBURG**
Im September findet in Augsburg alljährlich eine große Messe rund um das Westernreiten mit Turnieren in Westerndisziplinen, Schauveranstaltungen, Vorträgen und Verkaufsständen statt.

**HIPPOLOGICA BERLIN**
Die größte Pferde- und Reitsportmesse im Raum Berlin wird im Oktober abgehalten. Hier findet jeder etwas Interessantes – die Spring- und Dressurreiter ebenso wie die Westernreiter, die Wanderreiter und die Anhänger des Fahrsports.

**CHIO (CONCOURS HIPPIQUE INTERNATIONAL OFFICIEL) AACHEN**
Der „Offizielle internationale Pferdesportwettbewerb", auch „Weltfest des Pferdesports" genannt, bei dem in zahlreichen Turnieren in Springen, Dressur, Vielseitigkeit, Fahren und Voltigieren die Größen des internationalen Reitsports antreten.

**SPANISCHE HOFREITSCHULE (WIEN)**
Für alle Fans des Dressurreitens und Pferdefreunde überhaupt ist die Spanische Hofreitschule in Wien sehenswert. Hier kann man Abendvorstellungen besuchen, aber auch beim Training zuschauen, der Morgenarbeit, und sich in der alten, traditionsreichen Pferdesportanlage herumführen lassen. Wer von da an nur noch von Lipizzanern schwärmt, kann sie in ihrem österreichischen Gestüt in Piber oder aber in ihrem alten Stammgestüt in Lipica (Slowenien) besuchen.

**HAFLINGERGESTÜT MEURA**
In Thüringen haben Haflinger ein Gestüt ganz für sich allein. Besucher können sie hier bei Stuten- oder Hengstschauen bewundern, aber auch bei Turnieren zuschauen, bei denen die vielseitigen Füchse ihr Können auf die Probe stellen.

Ein Rennpferd beim Training in Newmarket (England)

# Glossar

**ARABISCHES VOLLBLUT (ARABER)** Eine der ältesten Pferderassen. Die Beduinen der Arabischen Halbinsel begannen vor ungefähr 3000 Jahren, sie zu züchten.

**BAND** Bindegewebsstrang, der zwei Knochen miteinander verbindet und dem Gelenk die Bewegung ermöglicht.

**BERBER** Eine der ältesten Pferderassen, aus Nordafrika stammend.

**BLESSE** Abzeichen; weißer Streifen über Stirn und Nasenbein eines Pferds.

**BRANDZEICHEN, BRAND** Ein in die Haut eingebranntes Zeichen, das die Zugehörigkeit zu einer Rasse anzeigt.

**BRUMBYS** In Australien frei lebende Pferde. Sie stammen von Arbeitstieren ab, die vor 150 Jahren während des Goldrauschs nach Australien eingeführt wurden.

**BURRO** Im Südwesten der USA frei lebende Esel. Ihre Vorfahren wurden im 16. Jh. von den Spaniern dort eingeführt.

**DAMENSATTEL** Ein spezieller, früher für Damen üblicher Sattel, bei dem beide Beine der Reiterin auf der linken Seite des Pferds anliegen. Er erlaubte es den Damen, in langen Röcken zu reiten.

**DOMESTIKATION** Esel wurden erstmals vor ungefähr 6000 in Westasien und Ägypten domestiziert. Die Gewöhnung von Pferden an Menschen erfolgte in Asien und Osteuropa etwas später.

**DRESSUR** Eine Form von Reitwettbewerb, bei der das Gehorsam sowie Exaktheit und Eleganz der Bewegungen eines Pferds unter dem Reiter bewertet wird.

**EQUIDEN** Mitglieder der Familie der Pferde, zu der neben den Pferden auch alle Esel- und Zebraarten zählen. Abgeleitet ist Equiden von Equidae, dem wissenschaftlichen Namen dieser Artenfamilie.

**ESEL** Bezeichnung für drei Arten aus der Familie der Pferde: Afrikanischer Esel oder Echter Esel (*Equus asinus*), Asiatischer Esel oder Halbesel (*Equus hemonius*) und Kiang oder Tibet-Wildesel (*Equus kiang*).

**FESSEL** Unterstes Gelenk des Pferdebeins über dem Huf. Häufig wachsen an der Rückseite des Gelenks Haare, der sogenannte Fesselbehang oder Kötenbehang.

Zaumzeug

Afrikanischer Esel

**FLACHRENNEN** Pferderennen auf einer ebenen Bahn ohne Hindernisse.

**FOHLEN** Ein junges Pferd im ersten Lebensjahr.

**GALOPP** Eine Gangart mit Dreiertakt. Die Hufe berühren den Boden in der Reihenfolge: hinten links, vorn links und hinten rechts gleichzeitig, dann vorn rechts. Bevor der Huf hinten links wieder den Boden berührt, kommt es zu einer Schwebephase.

**GAUCHO** Ein berittener Rinderhirte der südamerikanischen Pampas.

**GEBISS** Der Teil des Zaumzeugs, der ins Pferdemaul kommt. Es gibt unterschiedliche Typen von Gebissen, wie z. B. Wassertrense, Pelham und Kandare (S. 31).

**GESCHIRR** Die Ausstattung eines Zugpferds bestehend aus Zaumzeug und Leinen (lange Zügel), mittels derer es am Wagen festgemacht und gelenkt wird.

**HAUSESEL** Domestizierter Esel, der vom wilden Afrikanischen Esel (*Equus africanus*) abstammt.

**HENGST** Ein männliches Pferd.

**HUF** Unterster Teil des Pferdebeins. Der Huf besteht aus Keratin, derselben Substanz, aus der auch unsere Haare und Fingernägel sind.

**HUFSCHMIED** Ein Schmied, der sich auf Hufpflege, Hufkorrektur und das Anpassen von Hufeisen und anderen Beschlägen (z. B. Kunststoffbeschlägen) spezialisiert hat.

**JÄHRLING** Ein junges Pferd im zweiten Lebensjahr.

**KALTBLÜTER** Bezeichnung für einen alten, in Nordeuropa heimischen Pferdetyp. Die modernen Zugpferderassen wie Shire Horse, Percheron und Jütländer sollen von diesen Pferden abstammen.

**KREUZUNG** Ein Tier, das aus der Verpaarung von Elterntieren hervorging, die zwei verschiedenen Rassen angehören. Auch Kreuzungen zwischen Pferden und Eseln sind möglich: Maulesel (Pferdehengst und Eselstute) und Maultier (Eselhengst und Pferdestute).

**KREUZZÜGE** Eine Reihe von Militärexpeditionen europäischer Herrscher und Ritter, die das von Muslimen regierte und bewohnte Heilige Land (heute Israel und Palästina) erobern wollten.

**KUMMET** Teil des Geschirrs eines Zugtiers, bestehend aus zwei gebogenen Stücken Holz oder Metall, die mit Leder gepolstert sind und dem Pferd wie ein Halsring übergestreift werden.

**LEINENAUGE** Metallring am Geschirr eines Zugpferds, durch den Leinen (lange Zügel) verlaufen.

**MÄHNE** Das lange Haar, das Pferden im Nacken (zwischen Kopf und Widerrist) wächst.

**MAULESEL** Kreuzung von Pferdehengst und Eselstute. *Siehe auch* Kreuzung

**MAULTIER** Kreuzung von Eselhengst und Pferdestute. *Siehe auch* Kreuzung

**MUSTANG** In Nordamerika wild lebendes Pferd. Die heutigen Mustangs sind Nachkommen domestizierter Pferde, die ab dem Ende des 15. Jh. von europäischen Siedlern nach Nordamerika eingeführt wurden.

Dressurreiterin

Mähne

**ONAGER** (*Equus hemonius onager*) Unterart des Asiatischen Esels (*Equus hemonius*).

**ORTSCHEIT** Holzstange, über die das Geschirr eines Zugpferds mit dem Wagen verbunden ist.

**PASS** Gangart, bei der das Pferd beide Beine auf einer Seite gleichzeitig bewegt.

**PFERDESTÄRKE** Physikalische Maßeinheit für Zugkraft. Eine Pferdestärke (PS) entspricht der Kraft, die notwendig ist, um 75 kg Gewicht innerhalb einer Sekunde 1 m hochzuheben bzw. 746 Watt.

**PONY** Ein Kleinpferd bestimmter Rassen oder eine Kreuzung davon mit höchstens 148 cm Stockmaß.

Vollblut

**PRZEWALSKI-PFERD** Die einzige überlebende Wildpferdart starb in den 1960er-Jahren in ihrer Heimat, der mongolischen Steppe, aus. Inzwischen aber werden dort wieder Nachkommen von in menschlicher Obhut gehaltenen Herden ausgewildert.

**RITTERLICHKEIT** Die Gesamtheit der Eigenschaften, die im Mittelalter von einem Ritter erwartet wurden. Dazu zählten u. a. Mut, Ehrgefühl und Höflichkeit.

**RODEO** Wettbewerb, bei dem nordamerikanische Cowboys ihr Geschick beim Reiten von Pferden und im Umgang mit Rindern auf die Probe stellen.

**SAUMTIER** Ein Tier, das Lasten trägt. Maultiere und Maulesel, aber auch bestimmte Pferderassen wie z. B. Haflinger werden häufig als Saumtiere eingesetzt.

**SCHECKE** Pferd, dessen Fell große, unregelmäßige braune oder schwarze und weiße Flecken aufweist.

**SCHOPF** Der Teil der Mähne eines Pferds, der in die Stirn fällt.

**SCHRITT** Langsamste Gangart, bei der jeder Huf einzeln auffußt (den Boden berührt).

**SPOREN** Hilfsmittel beim Reiten. Ein Sporn besteht aus einem Metallbügel, von dessen Mitte ein Dorn oder ein an einer Achse befestigtes Rädchen absteht. Sporen werden über den Reitstiefeln getragen und dazu benutzt, das Pferd vorwärtszutreiben.

**SPRINGEN** Wettbewerb, bei dem die Pferde über einen Parcours (Platz mit Hindernissen) geritten werden. Fehler und Verweigerung werden mit Strafpunkten geahndet.

**STEEPLECHASE** In Großbritannien und einigen anderen Ländern übliches Pferderennen über eine mit Hindernissen bestückte Rennbahn, das auf die Querfeldeinrennen früherer Jahrhunderte zurückgeht.

**STEIGBÜGEL** Als Fußstützen dienende Bügel, oft aus Metall, die mit Bügelriemen aus Leder an den beiden Seiten eines Sattels befestigt sind.

**STEPPE** Grasbewachsene, weitläufige Ebene. In Zentralasien und der Mongolei gibt es große Steppen, in denen früher Wildpferde lebten.

**STOCKMASS** Die Höhe eines Pferds wird vom Boden bis zum höchsten Punkt über der Schulter gemessen, entweder mit einem Bandmaß oder einem starren Stockmaß (Stckm.), das als präziser gilt.

**STREIFEN** Abzeichen; schmaler weißer, über Stirn und Nasenbein eines Pferds verlaufender Streifen oder Strich.

**STUTE** Weibliches Pferd.

**TJOST ODER LANZENSTECHEN** Zweikampf zweier Ritter zu Pferd, die mit langen Lanzen bewaffnet sind. Im Mittelalter wurde der Tjost als Sport für Ritter entwickelt, bei dem sie ihr Geschick beweisen konnten, ohne den Gegner unbedingt zu töten.

**TRAB** Eine Gangart mit Zweiertakt, bei der jeweils ein diagonales Hufpaar den Boden berührt: linker Hinterhuf und rechter Vorderhuf, dann rechter Hinterhuf und linker Vorderhuf.

**VOLLBLUT** Pferde der Rassen Arabisches Vollblut, Englisches Vollblut und Berber. Man nennt diese Rassen so, weil sie rein gezüchtet sind, d. h. in die Vollblutrassen werden schon seit Langem keine anderen Rassen eingekreuzt.

Südamerikanischer Sporn

**WALLACH** Ein kastriertes männliches Pferd.

**WARMBLÜTER** Pferderassen, die aus Kreuzungen von Vollblütern mit Kaltblütern oder mit lokalen Pferdetypen hervorgegangen sind. Bekannte Warmblutrassen sind z. B. Trakehner und Hannoveraner.

**WIDERRIST** Der höchste Punkt des Pferderückens über der Schulter.

**WILD LEBEND** Tiere einer bereits domestizierten Art, die sich selbst überlassen in freier Natur leben.

**ZAUMZEUG** Der aus Lederriemen und Metallteilen bestehende Zaum, der einem Pferd für die Arbeit angelegt wird. Dazu gehören Reithalfter, Gebiss und Zügel.

**ZEBRA** In Afrika heimisches Mitglied der Pferdefamilie mit schwarz-weiß gestreiftem Fell.

**ZUGPFERD** Ein Pferd, das dafür gezüchtet ist, schwere Lasten und landwirtschaftliche Maschinen zu ziehen.

**ZUGSTRÄNGE** Die seitlich angebrachten Lederriemen, mit denen ein Pferd einen Wagen zieht.

Przewalski-Pferde

# Register

## A



## B



## C



## D



## E



## F



## G



## H



## I J



## K



## L M N



## O



## P Q



## R



## S



## T U V



## W



## Z



# Dank und Bildnachweis


**Dorling Kindersley dankt** Alan Hills, Dave Gowers, Christi Graham, Sandra Marshall, Nick Nicholls und Barbara Winters vom British Museum sowie Colin Keates vom Natural History Museum für zusätzliche gesonderte Fotoaufnahmen; Clubb Chipperfield Limited, Foxhill Stables & Carriage Repository, Suzanne Gill, Wanda Lee Jones of the Welshpool Andalusian Stud, dem Marwell Zoo, dem National Shire Horse Centre, Harry Perkins und der Whitbread Hop Farm dafür, dass sie Tiere und Fahrzeuge für Fotoaufnahmen zur Verfügung gestellt haben; der Kavallerie der Königlichen Gardetrupppe dafür, dass sie den Reiter und das Pferd mit der Trommel zur Verfügung gestellt haben und den Knights of Arkley für die Turniersequenz; der Berriewood Stud Farm, Carol Johnson und den Plough Studios dafür, dass sie Hallen und Studios für Fotoaufnahmen zur Verfügung gestellt haben; Dr. Alan Gentry vom Natural History Museum, Christopher Gravett von der Königlichen Waffenkammer (HM Tower of London) und Rowena Loverance vom British Museum für ihre Unterstützung bei der Recherche; Kim Bryan für die redaktionelle Beratung; Céline Carez, Hannah Conduct, Liz Sephton, Christian Sévigny, Helena Spiteri und Cheryl Telfer für die redaktionelle und gestalterische Assistenz; Jane Parker für das Register; Stewart J. Wild für das Korrektorat; Neville Graham, Sue Nicholson und Susan St. Louis für das Poster.

**Illustrationen:** John Woodcock

**Der Verlag dankt den folgenden Personen und Institutionen für die freundliche Genehmigung zum Abdruck von Fotos:**

(Abkürzungen: o = oben, go = ganz oben, u = unten, m = Mitte, l = links, r = rechts, Hg = Hintergrund)

Aerofilms: 21gol. Allsport: 58gor Vandystadt; 59ur Ben Radford. American Museum of Natural History: 8ml, 9ur. Ardea: 14mlgo, 14ml, 16m, 17mr Jean-Paul Ferreo, 17ul Joanna van Grusen. Barnaby's Picture Library: 43mr, 45ul. Bridgeman Art Library: 41gol Archiv für Kunst und Geschichte, Berlin; 34ul Biblioteca Nacional, Madrid; 24gor, 51mur, 60m British Library; 49gol Guildhall Library; 39mu Harrogate Museums and Art Galleries; 35go, 41gol, 56gol, 59gom Private Collection; 57mgo Smithsonian Institution, Washington D.C.; 32ul Musée Condée, Chantilly; 58gol (Detailaufnahme) Musée d'Orsay, Paris; 60gor (Detailaufnahme) Louvre, Paris. Kuratorium des British Museum: Umschlag Vorderseite gol, 4mgor, 7ur, 16gol, 17ur, 22gol, 22ml, 22ur, 23gor, 26m, 28m, 33gor, 33ul, 46ul. Bruce Coleman Ltd: 12ul C. Hughes; 18u J. und D. Bartlett; 39gol C. Henneghien. Mike Dent: Umschlag Vorderseite mr, 23gol, 27gol, 46mgol, 50gor, 54ml, 63gor. Dorling Kindersley: 37gor Dave King (mit frdl. Genehmigung des Nationalen Motorenmuseums, Beaulieu); Umschlag Vorderseite, 27gor, 36gol, 38 (alle außer 38ur), 40ul, 41 (alle außer 41gol, 41ur), 50m, 50–51u, 51gor, 51m, 51mr, 56ul, 63um Bob Langrish. Mary Evans Picture Library: 23ul, 32gor. Robert Harding Picture Libary: 21mr, 24mu, 48gor, 51um, 56mr. Alan Hills: 20ul. Hirmer: 33gol. Michael Holford: 31gom, 44gol, 47gom, 59ul, 60ul. Hulton Picture Collection: 53u, 63ul. Kentucky Horse Park, USA: 67mu. Frank Lane Picture Agency: 12ur. Bob Langrish: 13m, 20ul, 37gol, 40ur, 41ur, 54mr, 56ml, 57go, 58um. 59gol, 59gor, 61gol, 61gom, 65ur, 66–67. Jim Lockwood, Courage Shire Horse Centre, Berks.: 67ul. The Mansell Collection: 42ul. Peter Munt, Ascot Driving Stables, Berks 67gor. Prince D'elle, Haras National De Saint Lo, France, 66um. Natural History Photographic Agency: 14mr Patrick Fagot; 21ur E. Hanumantha Rao; 36ul, 60ml A.N.T. Peter Newark's Western Americana: 34gor, 34ml, 43gol, 48mu, 55gol, 57mu, 57ul, 62go. Only Horses: 37m, 62ul. Oxford Scientific Films: 17gom/Anup Shah/Okapia. Planet Earth: 19ur Nick Greaves. Pegas of Kilverstone, Lady Fisher, Kilverstone Wildlife Park, Norfolk: 65ur. Spin way Bright Morning, Miss S. Hodgkins, Spinway Stud, Oxon: 66gor. Ann Ronan Picture Library: 6gor. Das Kuratorium der Königlichen Waffenkammer: 2m, 43ml, 45gom, 45mr. Whitbread Brewery: 13mr. Zefa: 12gor, 13gor, 24mlgo, 24ul, 25mr, 35ur, 36ml, 46mu, 52ml, 52ur.

**Poster:** Kuratorium des British Museum: gol.

**Cover:** *Vorn:* Getty Images: Anett Somogyvari u.





Weitere Informationen unter www.dkimages.com

**Weitere Themen in dieser Reihe:**
**(Bandnummer in Klammern)**

Das alte Ägypten (8)
Das alte Griechenland (21)
Das alte Rom (38)
Autos (25)
Azteken, Inka & Maya (28)
Bedrohte Tiere (5)
Burgen (24)
Christentum (34)
Computer (51)
Demokratie (30)
Dinosaurier (1)
Edelsteine & Kristalle (62)
Eisenbahnen (19)
Die ersten Menschen (26)
Evolution (50)
Fische (13)
Flugmaschinen (41)
Fossilien (47)
Fußball (53)
Geld (59)
Gesteine & Mineralien (17)
Große Entdecker (12)
Große Musiker (42)
Große Wissenschaftler (33)
Haie (10)
Hunde (39)
Indianer (18)
Insekten (35)
Islam (56)
Katzen (23)
Klimawandel (11)
Kriminalistik (44)
Der Mensch (2)
Das moderne China (58)
Mond (57)
Musikinstrumente (14)
Mythologie (31)
Naturwissenschaften (7)
Ozeane (32)
Pferde (43)
Pflanzen (48)
Piraten (36)
Pyramiden (60)
Raubtiere (52)
Regenwald (20)
Ritter (16)
Säugetiere (45)
Schätze (6)
Spione (9)
Städte (3)
Strand & Meeresküste (55)
Teiche & Flüsse (27)
Titanic (22)
Vögel (29)
Vulkane (37)
Waffen & Rüstungen (61)
Wasser (40)
Weltall (15)
Wetter (46)
Wikinger (49)
Wirtschaft (4)
Der Zweite Weltkrieg (54)